对症养生汤 常喝保健康

高海波 曹军 主编

江苏凤凰科学技术出版社 凤凰含章

图书在版编目（CIP）数据

对症养生汤　常喝保健康 / 高海波，曹军主编．-- 南京：江苏凤凰科学技术出版社，2016.3

ISBN 978-7-5537-5477-2

Ⅰ．①对… Ⅱ．①高… ②曹… Ⅲ．①保健－汤菜－菜谱 Ⅳ．① TS972.122

中国版本图书馆 CIP 数据核字 (2015) 第 230943 号

对症养生汤　常喝保健康

主　　编	高海波　曹　军
责任编辑	樊　明　葛　昀
责任监制	曹叶平　周雅婷
出版发行	凤凰出版传媒股份有限公司 江苏凤凰科学技术出版社
出版社地址	南京市湖南路 1 号 A 楼，邮编：210009
出版社网址	http://www.pspress.cn
经　　销	凤凰出版传媒股份有限公司
印　　刷	北京旭丰源印刷技术有限公司
开　　本	718mm × 1000mm　1/16
印　　张	15.5
字　　数	400千字
版　　次	2016年3月第1版
印　　次	2016年3月第1次印刷
标准书号	ISBN 978-7-5537-5477-2
定　　价	36.00元

对症养生一碗汤

健康是家庭幸福的保证，也是社会发展的推动力。现代人在工作和生活方面都承受着较大的压力，因此要更加重视健康。不同体质、不同性别、不同年龄、不同职业的人，可能遇到的健康问题也不相同，所需的改善方法必然也有区别。

怎样才能保持健康呢？最简单便利的方法，莫过于从日常饮食入手。我国的饮食文化源远流长，而汤作为其中非常重要的组成部分，更是深受人们的喜爱。汤不但味道鲜美、营养丰富，还有很好的食疗作用。养生汤依据中国传统的中医理论，以某种或某几种食材搭配相应的中药材，以食疗的方式来补益强身，适合调养体质、养生保健，在预防疾病、辅助治疗、美容健体等诸多方面，对人体起着重要的调治作用。

喝汤也如服药一般，因人而异，再好的汤品也不是人人适宜。只有喝对了，才能事半功倍。煲汤，最关键的就是要根据气候、个人体质选对食材，这样才能煲出好汤，才能让喝汤者达到对应的滋补保健的功效。例如：气虚贫血的人，需要多进补；而对于血淤阴虚的人而言，则应多食清热滋阴的食物。如果吃错了，反而不利于体质的改善。

本书首先针对现代人常出现的亚健康状态，如气短懒言、面色萎黄、口燥舌红、性欲低下、胸闷心痛、消化不良、心悸失眠、烦闷郁结、咳喘泻痢等，提出有针对性的汤品配方。再以常见症状、内科病、外科病、妇科病、男科病为分类，进行对症汤品的深度讲解。通过食材、药材的巧妙搭配与科学把握，针对不同症状和需求烹制出各种不同功效的汤品，不仅包含食材本身的补益功效，还囊括了药材的综合作用，能够有效地为脏腑提供营养，补虚健体。

本书中的汤品烹饪步骤清晰、详略得当，并配以精美的图片，读者可以一目了然地看懂制作方法，且操作轻松。即使没有任何经验，也能按照书中的指导，煲出适合自己体质、口味的健康养生汤品，使身体保持活力四射的健康状态。

目录

改善气短懒言的益气汤

改善面色萎黄的补血汤

改善口燥舌红的滋阴汤

增强性欲的壮阳汤

改善胸闷心痛的活血化淤汤

改善消化不良的消食导滞汤

改善心悸失眠的安神补脑汤

消除烦闷的理气调中汤

改善久咳久泻的收涩汤

防治常见病的食疗汤

防治内科疾病的食疗汤

防治外科疾病的食疗汤

防治妇科疾病的食疗汤

防治男科疾病的食疗汤

阅读导航

我们在此特别制作了阅读导航这一单元，对于全书各章节的部分功能、特点等做一大概说明，这必然会大大提高读者阅读本书的效率。

1 基础知识

有关汤品的基本知识，浓缩在短短的几页之中，使您快速地掌握想要知道的内容。

小节标题

提示本小节所要阐述的主要内容。

精彩图文

简练、优美的文字配以精美的彩色图片，您得到的不仅是知识，还有享受的感觉。

药食同源，大有智慧

许多食物也可作为药物使用，两者之间没有绝对的分界线。中药与食物是同时起源的，随着时代的发展与人们经验的积累，药食才开始分化。《黄帝内经·太素》中写道："空腹食之为食物，患者食之为药物"，反映了"药食同源"的思想。

中医以辨证理论为指导，将中药与食物搭配，或制作简单的药茶，或加入调味料，制成色、香、味、形俱佳的药膳食疗。因其膳中有药，兼具营养保健、防病治病的多重功效，深受人们喜爱，如今已成为人们餐桌上不可缺少的美味佳肴。

辨清体质，因人施膳

药膳讲究因人施膳，不同的人有不同的体质，也适用于不同的食疗方。例如人参、虫草、鹿茸等有滋补强壮的作用，但不能长期不分对象地食用，否则可能会使不适宜者出现热盛火炎等副作用；野菊花、苦瓜等偏寒凉性食材，体质虚寒的人吃了会寒上加寒。药膳配方必须要在中医学理论的指导下，经过正确辨证后才能配制，擅自配方不但有可能削减药膳的功效，还有可能产生毒副作用。因此，我们在选取药膳时，应非常谨慎。总之，只有在辨清自身的体质状况的前提下，才能真正做到"对症下药，药到病除"。

13

2 经典汤品展示

文图结合的方式，向读者展示符合本章主题的对症汤品。

黄芪牛肉蔬菜汤

兔肉薏米煲

鲜人参炖竹丝鸡

柴胡枸杞羊肉汤

西红柿蘑菇排骨汤

经典展示

不仅包括原料、做法，还有专家阐述的汤品解说，言简意赅，简略但不简单。

简易展示

仅阐述汤品的原料和做法，对于相似的功效不再做重复性说明。

3 重点汤品展示

更深入的文字解说，更加精美的图片展示，辅以汤品的重要原料。这是您应该重点掌握的一道药膳佳肴。

精美图片

精美大图展示，令您过目不忘、印象深刻。

节瓜山药莲子煲老鸭

原料

老鸭……400 克
节瓜……150 克
山药、莲子、盐、鸡精各适量

老鸭：大补虚劳、利小便、除水肿

做法

❶ 将老鸭处理干净，切块，汆水；山药洗净，去皮，切块；节瓜洗净，去皮切片；莲子洗净，去心。
❷ 汤锅中放入老鸭、山药、节瓜、莲子，加入适量清水。
❸ 以大火烧沸后改小火慢炖2.5小时，加盐和鸡精调味即可。

汤品解说

老鸭性凉味甘，有大补虚劳、益气健脾的功效；山药是常用的补气药，能补肺、脾、肾三脏；莲子能健脾固肾、养心安神。此汤药性平和、补而不燥，适合各种气虚患者食用，对乏力倦怠、食欲不振等均有较好的食疗效果。

18 对症养生汤 常喝保健康

知识链接

附赠主要药食材的图文展示，为读者献上更多惊喜。

鹿茸山药熟地瘦肉汤

原料

山药……30 克
鹿茸、熟地……各10 克
瘦肉……200 克
盐、味精各适量

鹿茸：壮元阳、补气血、益精髓、强筋骨

做法

❶ 将山药去皮洗净，切块；鹿茸、熟地均洗净；瘦肉洗净切块。
❷ 锅中注水烧沸，放入瘦肉、山药、鹿茸、熟地，以大火烧沸后，转小火慢炖2小时；放入盐、味精调味即可。

汤品解说

鹿茸能补肾壮阳、益精生血、强筋壮骨，熟地能滋阴补肾，山药能补脾养胃、补肾涩精。此汤具有补精髓、助肾阳、强筋骨的功效，对性欲减退、滑精早泄、脾虚食少、肾虚遗精等症均有较好的食疗效果。

74 对症养生汤 常喝保健康

深入解读

更加深入的汤品解读，易于读者掌握、理解。在收获美食的同时，更可以掌握一些常见药食材的医学知识。

认识材料，煲出好汤

中医讲究辨证施治，无论是养生还是治病，都需要根据每个人不同的体质和症状加以施膳。养生汤品是按药材和食材的性、味、功效进行选择、调配、组合的，用药物、食物之偏性来矫正脏腑功能之偏，使体质恢复正常。因此，如果我们想要煲出适合自己的一款好汤，就必须要熟悉药材和食材的四性、五味、五色、食疗功效以及一些煎煮的方法与搭配技巧。只有在充分认识到药材和食材这些基本知识的前提下，我们才能煲出既美味又有效的药膳汤。

所谓“药食相配、食借其力，药助食威”。利用药材煲汤做成药膳食用与服药治病不同，无病之人根据自己的体质合理进食药膳，可达到保健、强身的作用；身患疾病之人可先辨证，然后根据病症选择合适的药材，并搭配相应的食材做成药膳，对身体加以调治，增强体质，从而达到辅助治病的作用。药材煲汤还常被用于扶正固本，常用的药物和食物有人参、黄芪、枸杞、山药、当归、阿胶、红枣、鸡、鸭、猪肉、羊肉等。这些药物、食物搭配煲汤，既能滋补强身、补益气血，又能增强正气、治疗体虚。汤膳中还含有人体代谢所必需的营养素，能有效地补充人体能量和营养物质，调节机体内物质代谢，从而达到滋补强身、防病、治病、延寿的作用。但是在用膳时，应本着“因人施膳，因时施膳”这一基本原则，才能使药膳更有效、更充分地发挥作用。

药食同源，大有智慧

许多食物也可作为药物使用，两者之间没有绝对的分界线。中药与食物是同时起源的，随着时代的发展与人们经验的积累，药食才开始分化。《黄帝内经 · 太素》中写道：“空腹食之为食物，患者食之为药物”，反映了“药食同源”的思想。

中医以辨证理论为指导，将中药与食物搭配，或制作简单的药茶，或加入调味料，制成色、香、味、形俱佳的食疗药膳。因其膳中有药，兼具营养保健、防病治病的多重功效，深受人们喜爱，如今已成为人们餐桌上不可缺少的美味佳肴。

辨清体质，因人施膳

药膳讲究因人施膳，不同的人有不同的体质，也适用于不同的食疗方。例如人参、虫草、鹿茸等有滋补强壮的作用，但不能长期不分对象地食用，否则可能会使不适宜者出现热盛火炎等副作用；野菊花、苦瓜等属寒凉性食材，体质虚寒的人吃了会寒上加寒。药膳配方必须要在中医学理论的指导下，经过正确辨证后才能配制，擅自配方不但有可能削减药膳的功效，还有可能产生毒副作用。因此，我们在选取药膳时，应非常谨慎。总之，只有在辨清自身的体质状况的前提下，才能真正做到“对症下药，药到病除”。

五脏六腑，调养有方

脏腑是人体内脏的总称，古人把内脏分为五脏和六腑两大类：五脏是心、肝、脾、肺、肾；六腑是胆、胃、大肠、小肠、膀胱和三焦。生命活动的进行，即是脏腑生理功能的体现。而五脏六腑的正常运作，除了与平时良好的生活作息习惯有关外，还离不开健康的饮食。各个脏腑所需要的营养物质并不一样，只有在吃对各脏腑所需的各种营养的前提下，才能更好地保养五脏六腑，使其各司其职，维持人体正常的生理功能，达到调养身心的目的。

改善气短懒言的益气汤

气，是人体最基本的物质，由肾中的精气、脾胃吸收运化的水谷之气和肺吸入的清气共同结合而成。气虚会导致身体虚弱、面色苍白、呼吸短促、四肢乏力、头晕、动则汗出、语声低微等症状。本章为气虚患者提供一些保健汤品。

归芪猪蹄汤

原料

猪蹄……1只
当归……10克
黄芪……15克
黑枣……5颗
盐、味精各适量

做法

1. 猪蹄洗净斩件，入滚水汆去血水。
2. 当归、黄芪、黑枣洗净。
3. 把全部原料放入清水锅内，以大火煮沸后，改小火煲3小时，加盐和味精调味即可。

参果炖瘦肉

原料

猪瘦肉……25克
太子参……100克
无花果……200克
盐、味精各适量

做法

1. 太子参略洗；无花果洗净。
2. 猪瘦肉洗净切片。
3. 把以上原料放入盅内，加开水适量，盖好，隔滚水炖约2小时，加盐和味精调味即可。

芪枣鳝鱼汤

原料

鳝鱼……500克
黄芪……75克
红枣……5颗
姜、盐、味精各适量

做法

1. 鳝鱼洗净，用盐腌去黏潺液，切段，汆去血水；姜切片。
2. 起油锅爆香姜片，放入鳝鱼炒片刻取出。
3. 将洗净的黄芪、红枣、鳝鱼段放入煲内，加适量水煲2小时，加盐、味精调味即可。

党参枸杞猪肝汤

原料

党参、枸杞……………………………………各15 克
猪肝…………………………………………200 克
盐适量

做法

1. 将猪肝洗净切片，汆水后备用。
2. 将党参、枸杞用温水洗净。
3. 净锅上火倒入水，将猪肝、党参、枸杞一同放进锅里煲至熟，加盐调味即可。

汤品解说

党参有滋补肝肾、补中益气的功效，枸杞可明目养血。故此汤可改善头晕耳鸣、两目干涩、慵懒懈怠等症状，适合体虚者常食。

黑豆牛肉汤

原料

黑豆…………………………………………200 克
牛肉…………………………………………500 克
姜、盐各适量

做法

1. 黑豆淘净，沥干；姜洗净，切片。
2. 牛肉洗净，切成方块，放入沸水中汆烫，捞起冲净。
3. 把黑豆、牛肉、姜片盛入煮锅，加适量水，以大火煮开后，转小火慢炖50分钟，加盐调味即可。

汤品解说

黑豆有补肾益血、强筋健骨的功效，牛肉可促进精力集中、增强记忆力。二者合用可防头痛、抗疲劳，对倦怠疲劳有一定的食疗作用。

节瓜山药莲子煲老鸭

原料

老鸭……400克
节瓜……150克
山药、莲子、盐、鸡精各适量

老鸭：大补虚劳、利小便、除水肿

做法

1. 将老鸭处理干净，切块，汆水；山药洗净，去皮，切块；节瓜洗净，去皮切片；莲子洗净，去心。
2. 汤锅中放入老鸭、山药、节瓜、莲子，加入适量清水。
3. 以大火烧沸后改小火慢炖2.5小时，加盐和鸡精调味即可。

汤品解说

老鸭性凉味甘，有大补虚劳、益气健脾的功效；山药是常用的补气药，能补肺、脾、肾三脏；莲子能健脾固肾、养心安神。此汤药性平和、补而不燥，适合各种气虚患者食用，对乏力倦怠、食欲不振等均有较好的食疗效果。

桂圆干老鸭汤

原料

老鸭……500克
桂圆干……20克
姜、盐、鸡精各适量

做法

1. 老鸭去毛和内脏，洗净切块，入沸水汆烫；姜洗净切片。
2. 将老鸭肉、桂圆干、姜片放入锅中，加入适量清水，以小火慢炖。
3. 待老鸭肉熟烂、桂圆干变得圆润之后，加入盐、鸡精调味即可。

汤品解说

桂圆干能补血安神、补养心脾，鸭肉能养胃滋阴、大补虚劳。二者同用，对脾胃虚弱、肢体倦怠、食欲不振等症有一定的食疗作用。

带鱼黄芪汤

原料

带鱼……500克
黄芪……30克
炒枳壳……10克
葱段、姜片、料酒、盐各适量

做法

1. 将黄芪、炒枳壳洗净，装入纱布袋中，扎紧口，制成药包。
2. 将带鱼去头，斩成段，洗净。
3. 锅上火，倒入油后，将带鱼段下锅稍煎，然后加清水适量，放入药包、料酒、盐、葱段、姜片，煮至鱼肉熟，捡去药包即可。

汤品解说

黄芪有益气补虚、养原固本的功效，炒枳壳可行气散结。二者同食能够行气散结、益气补虚，适合神思倦怠者食用。

莲子猪肚汤

原料

猪肚……1个

莲子……100克

葱、姜、料酒、盐、鸡精各适量

做法

❶猪肚洗净，用开水汆熟，切成两指宽的小段；葱洗净切末；姜洗净切片。

❷将猪肚、莲子、姜片入锅，加入清水炖煮；汤沸后，加入料酒，改小火继续焖煮。

❸焖煮1个小时左右，至猪肚熟烂，再加入盐、鸡精，撒上葱末即可。

鳝鱼土茯苓汤

原料

鳝鱼、蘑菇……各100克

当归……8克

土茯苓、赤芍……各10克

盐、米酒各适量

做法

❶鳝鱼洗净、切小段；蘑菇洗净；当归、土茯苓、赤芍均快速洗净。

❷将全部材料与适量清水置于锅中，以大火煮沸，再转小火续煮20分钟；加入盐、米酒拌匀，即可食用。

党参鳝鱼汤

原料

鳝鱼……175克

党参……3克

红枣、葱段、姜片、盐、味精各适量

做法

❶将鳝鱼洗净切段；党参洗净备用。

❷锅上火倒入水烧沸，放入鳝鱼段汆水，至没有血色时捞起备用。

❸净锅上火倒入油，将葱段、姜片、党参炒香，再下鳝段煸炒，倒入水，加红枣，煲至熟；加盐、味精调味即可。

银丝煮鲫鱼

原料

活鲫鱼……1条

白萝卜……300克

姜、香菜、高汤、盐、味精各适量

做法

1. 将鲫鱼宰杀，洗干净；白萝卜洗净切丝；姜洗净切丝；香菜洗净切段。
2. 烧锅下油，待油热时放入鲫鱼，将两面稍微煎黄、煎香；放入高汤、白萝卜丝、姜丝；调入盐、味精，待鱼肉熟烂，撒上香菜段，即可食用。

白扁豆鸡汤

原料

白扁豆……100克

莲子……40克

鸡腿……300克

砂仁……10克

盐适量

做法

1. 将适量清水、鸡腿、莲子置入锅中，以大火煮沸，转小火续煮45分钟。
2. 白扁豆洗净，沥干，放入锅中煮熟。
3. 再放入砂仁，搅拌溶化后，加盐调味即可。

白术茯苓牛蛙汤

原料

白术、茯苓……各15克

芡实、白扁豆……各20克

牛蛙……2只

盐适量

做法

1. 将牛蛙宰杀去皮斩块，洗干净备用；芡实、白扁豆、白术、茯苓均洗净。
2. 将芡实、白扁豆、白术、茯苓放入锅内，以大火煮沸后转小火炖煮20分钟，再将牛蛙放入锅中炖煮至熟，加盐调味即可。

黄芪牛肉蔬菜汤

原料

黄芪……………………………………………… 25 克
牛肉……………………………………………… 500 克
西红柿…………………………………………… 2 个
西蓝花……………………………………………150 克
土豆………………………………………………半个
盐………………………………………………2 小匙

做法

1. 牛肉切大块，放入沸水汆烫，捞起，冲净。
2. 西红柿洗净，切块；西蓝花切小朵，洗净；土豆洗净，切块。
3. 将备好的所有食材与黄芪一起放入锅中，加水至盖过所有材料；以大火煮开后转用小火续煮30分钟，然后再加入盐调味即可。

汤品解说

黄芪能益气补虚、敛汗固表，牛肉是增强体质的佳品，西红柿富含维生素。此汤营养丰富，常食能提高抵抗力，故适合气虚者食用。

柴胡枸杞羊肉汤

原料

柴胡………………………………………………15 克
枸杞………………………………………………10 克
羊肉片、上海青 ………………………各200 克
盐适量

做法

1. 将柴胡洗净，放进煮锅中加4碗水熬汤，熬至约剩3碗，去渣留汁。
2. 将上海青洗净切段。
3. 枸杞放入药汤中煮软，羊肉片入锅，放入上海青；待羊肉片煮熟，加盐调味即可食用。

汤品解说

柴胡可疏肝解郁、升阳举陷，枸杞能养肝明目，羊肉能温阳补气。三者合用，能有效改善气虚、气短以及老年人的神思倦怠等症。

兔肉薏米煲

原料

兔腿肉……………………………………200 克
薏米……………………………………100 克
红枣、葱、姜、盐、鸡精各适量

做法

1. 将兔腿肉洗净剁块；薏米洗净；红枣洗净备用；葱、姜洗净切丝。
2. 锅上火倒入水，放入兔腿肉汆水，冲净。
3. 净锅上火倒入油，将葱丝、姜丝爆香；加水，调入盐、鸡精，放入兔腿肉、薏米、红枣，以小火煲至入味即可。

鲜人参炖竹丝鸡

原料

竹丝鸡……………………………………650 克
猪瘦肉……………………………………200 克
火腿、鲜人参……………………………各30 克
姜片、料酒、盐各适量

做法

1. 将竹丝鸡去毛、去内脏，切块；猪瘦肉切丝；火腿切粒。
2. 把所有的肉料焯去血污后，与人参、姜片一起装入盅内，移入锅中隔水炖4小时；加入料酒、盐调味即可。

西红柿蘑菇排骨汤

原料

猪排骨……………………………………600 克
鲜蘑菇、西红柿…………………………各120 克
料酒、盐各适量

做法

1. 排骨洗净剁块，加适量料酒、盐，腌15分钟；鲜蘑菇洗净切片；西红柿洗净切片。
2. 锅中加水，以大火烧沸后放入排骨，去浮沫，加料酒；汤煮沸后，改小火煮30分钟。
3. 加入蘑菇片再煮至排骨烂熟，加入西红柿片，煮开后加入盐调味即可。

山药排骨煲

原料

山药……100 克
排骨……250 克
胡萝卜……1 段
葱、姜、盐各适量

做法

1. 排骨洗净，砍成段；胡萝卜、山药均去皮洗净切成小块；姜洗净切片；葱洗净切段。
2. 锅中加油烧热，放入姜片爆香，放入排骨后炒干水分。
3. 将排骨、胡萝卜、山药一起放入煲内，以大火煲40分钟后，放入葱段、盐调味即可。

汤品解说

山药药食两用，胡萝卜温中补气。此汤富含多种维生素、氨基酸和矿物质，有增强人体免疫力、健脾益气、延缓衰老的功效，适合气虚的人群食用。

党参煮土豆

原料

党参……15 克
土豆……300 克
葱、姜、料酒、盐、香油各适量

做法

1. 将党参洗净，润透，切薄段；土豆去皮，切薄片；姜洗净切片；葱洗净切段。
2. 将党参、土豆、姜片、葱段、料酒一同放入炖锅内，加水置大火上烧沸；改用小火烧煮35分钟，加盐、香油调味即成。

汤品解说

党参有补中益气、健脾益肺的功效；土豆富含膳食纤维，是减肥佳品。此汤既能让人有饱腹感，又有健身益气的作用，故适合减肥的人群食用。

黄芪山药鲫鱼汤

原料

黄芪……………………………………………15 克
山药……………………………………………20 克
鲫鱼……………………………………………1 条
葱、料酒、姜盐各适量

做法

1. 将鲫鱼去除鳞、内脏，清理干净，然后在鱼的两面各划一刀备用；把姜洗净、切片；葱洗净，切丝。
2. 把黄芪、山药入锅，加水煮沸后转小火熬煮大约15分钟；再转中火，放入姜片和鲫鱼。
3. 待鱼熟后加盐、料酒，并撒上葱丝即可。

汤品解说

黄芪具有益气健脾、敛汗固表的功效，鲫鱼利水通淋。此汤能增强人体免疫力，可有效改善因夏季出汗过多导致的体虚气短等症状。

党参枸杞红枣汤

原料

党参……………………………………………20 克
枸杞……………………………………………12 克
红枣……………………………………………5 颗

做法

1. 将党参洗净，切成段。
2. 再将红枣、枸杞放入清水中浸泡，5分钟后捞出。
3. 将所有材料放入砂锅中，加入适量开水，煮约15分钟即可。

汤品解说

红枣和枸杞均有益气养血、滋阴补肝肾的功效，与党参配伍，能防衰抗老，提高免疫力和抵抗力，可有效改善浑身无力等症。

海马汤

原料

海马……2只
枸杞……15克
红枣……5颗
姜适量

做法

1. 将枸杞、红枣均洗净；海马泡发，洗净；姜洗净切片。
2. 将所有材料加水煎煮30分钟即可。

汤品解说

海马具有温阳益气、补肾滋阴的功效，红枣益气补血。故此汤是养阳补气的佳品，能改善倦怠、慵懒的精神状态。

山药当归鸡汤

原料

山药……35克
当归、枸杞……各8克
鸡腿……70克
盐适量

做法

1. 将山药去皮，洗净，切滚刀块；当归、枸杞均洗净。
2. 鸡腿洗净，剁成适当大小，再入沸水汆烫。
3. 将山药、当归、枸杞放入锅中，加水煮沸后放入鸡腿续煮至熟烂，加盐调味即可。

汤品解说

当归补血活血，枸杞和山药均滋阴益气。故此汤具有补气活血的功效，能有效改善因气血虚弱引起的贫血、头晕乏力等症。

改善面色萎黄的补血汤

血虚与气虚通常是相伴的。气与血关系密切，血虚易引起气虚，而气虚则不能化生血液，又成为导致血虚的一个因素。血虚的主要症状为面色萎黄、眩晕、心悸、失眠、脉虚细等。由于女性月经期失血，所以血虚体质多在女性身上出现。本章为读者介绍一些补血的养生汤品。

干贝瘦肉汤

原料

瘦肉……500克
干贝……15克
山药、姜、盐各适量

做法

1. 瘦肉洗净，切块，汆水；干贝洗净，切丁；山药和姜分别洗净，去皮，切片。
2. 将瘦肉放入沸水中汆去血水。
3. 锅中注水，放入瘦肉、干贝、山药、姜片慢炖2小时，加入盐调味即可食用。

海马干贝肉汤

原料

瘦肉……300克
海马、干贝、百合、枸杞、盐各适量

做法

1. 将瘦肉洗净，切块，汆水；海马洗净，浸泡；干贝泡发；百合洗净；枸杞洗净，浸泡。
2. 将瘦肉、海马、干贝、百合、枸杞一同放入沸水中慢炖2小时；加入盐调味，出锅即可食用。

龟肉鱼鳔汤

原料

肉桂……15克
龟肉……150克
鱼鳔……30克
盐、味精各适量

做法

1. 先将龟肉洗干净，切成小块；鱼鳔洗去腥味，切碎；肉桂洗净。
2. 将龟肉、鱼鳔、肉桂同入砂锅，加适量水，以大火烧沸后，改小火慢炖。
3. 待肉熟后，加入盐、味精调味即可食用。

龟肉百合红枣汤

原料

百合……………………………………30 克
酸枣仁、红枣………………………各10 克
龟肉…………………………………250 克
冰糖适量

做法

1. 龟肉洗净切块；百合、红枣、酸枣仁洗净。
2. 先将龟肉用清水煮沸，再加入百合、红枣、酸枣仁。
3. 直至龟肉熟烂，酸枣仁、红枣煮透，最后添加少量冰糖炖化，即可食用。

香菇豆腐汤

原料

鲜香菇………………………………100 克
豆腐…………………………………90 克
水发竹笋……………………………20 克
清汤、葱末、盐各适量

做法

1. 将鲜香菇洗净、切片；豆腐洗净、切片；水发竹笋切片。
2. 净锅上火倒入清汤，调入盐，下香菇、豆腐、水发竹笋煲熟，撒入葱末即可食用。

香菇瘦肉煲老鸡

原料

老母鸡………………………………400 克
猪瘦肉………………………………200 克
香菇…………………………………50 克
葱、姜、蒜、香菜、高汤、盐、味精各适量

做法

1. 将老母鸡洗净，斩块汆水；葱、姜切丝。
2. 猪瘦肉洗净，切块汆水；香菇洗净。
3. 锅上火，入油，将葱丝、姜丝、蒜炝香，加高汤，下老母鸡、猪瘦肉、香菇，加盐、味精，以小火煲至熟，撒入香菜即可。

核桃仁排骨汤

原料

排骨……200克
核桃仁……100克
何首乌……40克
当归、熟地……各15克
桑寄生……25克
盐适量

做法

1. 排骨洗净砍成大块，汆烫后捞起备用。
2. 将何首乌、当归、熟地、桑寄生洗净；全部材料加水以小火煲3小时，起锅前调入盐。

黄豆猪蹄汤

原料

猪蹄……200克
黄豆、红枣、姜、盐各适量

做法

1. 将黄豆洗净后浸泡30分钟；红枣去核，洗净；姜洗净切片。
2. 将猪蹄洗净，斩块，汆水。
3. 砂煲内注水，放入姜片、猪蹄、红枣、黄豆用大火煲沸，再改小火煲3小时，加盐调味即可。

核桃仁当归瘦肉汤

原料

瘦肉……500克
核桃仁、当归、姜、葱、盐各适量

做法

1. 瘦肉洗净，切块；核桃仁洗净；当归洗净，切片；姜洗净去皮切片；葱洗净，切段。
2. 瘦肉汆去血水后捞出。
3. 瘦肉、核桃仁、当归放入炖盅，加入清水；以大火慢炖1小时后，调入盐、姜片、葱段，转小火炖熟即可食用。

玫瑰枸杞汤

原料

玫瑰花瓣……………………………………20 克
玫瑰露酒……………………………………50 毫升
醪糟……………………………………………1 瓶
枸杞、杏脯、葡萄干……………………各10 克
白糖、白醋、淀粉各适量

做法

1. 将新鲜的玫瑰花瓣洗净，切丝备用。
2. 锅中加水烧沸，放入白糖、白醋、醪糟、枸杞、杏脯、葡萄干，再倒入玫瑰露酒，煮开后转小火继续煮。
3. 用少许淀粉勾芡拌匀，撒上玫瑰花丝即成。

汤品解说

枸杞具有滋肾润肺的功效，玫瑰能利气、行血，葡萄干可润肺养血，杏脯有健脾作用。故此汤对面色萎黄者有较好的食疗作用。

白萝卜煲羊肉

原料

羊肉……………………………………………350 克
白萝卜………………………………………100 克
枸杞……………………………………………10 克
姜片、盐、鸡精各适量

做法

1. 将羊肉洗净，切块，汆水；白萝卜洗净，去皮，切块；枸杞洗净，浸泡。
2. 炖锅中注水，烧沸后放入羊肉、白萝卜、姜片、枸杞，用小火炖2小时后，转大火；调入盐、鸡精，稍炖出锅即可。

汤品解说

羊肉可益气补虚、促进血液循环，使皮肤红润、增强御寒能力；白萝卜能帮助消化。二者同食有补血益气的效果。

桂圆花生汤

原料

桂圆……10 颗
花生米……20 克
白糖适量

做法

1. 将桂圆去壳，取肉备用。
2. 将花生米洗净，再浸泡20分钟。
3. 锅中加水，将桂圆肉与花生米一起放入，煮30分钟后，加白糖调味即可。

桂圆山药红枣汤

原料

桂圆肉……100 克
山药……150 克
红枣……6 颗

做法

1. 山药洗净切块；红枣洗净。
2. 锅中加适量的水煮开，加入山药煮沸，再下红枣。
3. 待山药熟透、红枣松软，将桂圆肉剥散加入；待桂圆之香甜味渗入汤中即可熄火。

莲子桂圆银耳汤

原料

莲子……10 克
银耳……5 克
桂圆肉……15 克
红枣、枸杞、冰糖各适量

做法

1. 银耳洗净泡发，撕成小朵；红枣、枸杞、莲子、桂圆肉洗净。
2. 锅置火上，加适量水，下入银耳、莲子、桂圆肉、红枣，炖至熟；加冰糖调味即可。

枸杞牛肉汤

原料

山药……600 克
枸杞……10 克
牛肉……500 克
盐适量

做法

1. 牛肉切块、洗净，氽烫后捞起，再冲净。
2. 山药削皮，洗净，切块。
3. 将牛肉盛入煮锅，加入7碗水，以大火煮开，再转小火慢炖1小时。
4. 加入山药、枸杞续煮至熟，加盐调味即可。

汤品解说

牛肉能促进红细胞的形成与再生，枸杞滋阴养血，山药益气养心。此汤营养丰富，能防止贫血，增进体力，调整身体机能。

木耳红枣汤

原料

黑木耳……30 克
红枣……10 颗
红糖适量

做法

1. 将黑木耳用温水泡发，择洗干净，撕小朵。
2. 红枣洗净，去核。
3. 锅内加水适量，放入黑木耳、红枣，以小火煎沸10~15分钟，调入红糖即可。

汤品解说

红糖止痛益气、活血化淤、健脾暖胃，红枣补脾和胃、益气生津。此汤具有和血养容、滋补强身的功效，适用于贫血、消瘦者。

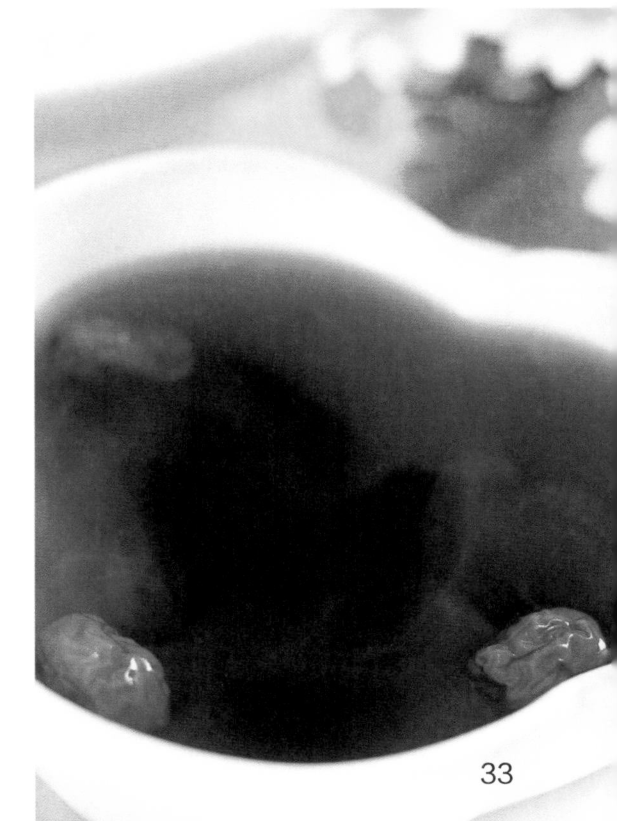

白芍山药排骨汤

原料

白芍、竹荪……各10 克
白蒺藜……5 克
山药……250 克
排骨……1 000 克
香菇、青菜、盐各适量

做法

1. 将排骨剁块，放入沸水汆烫，捞起冲洗；山药洗净切块；香菇去蒂，洗净切片。
2. 竹荪以清水泡发，去伞帽、杂质，沥干，切段；排骨盛入锅中，放入白芍、白蒺藜，加水炖30分钟。
3. 加入山药、香菇、竹荪续煮10分钟，起锅前加青菜煮熟，再加盐调味即成。

汤品解说

白芍有养血柔肝、缓中止痛、敛阴收汗的功效，山药补脾养胃、生津益肺、补肾涩精。故此汤能养肝补血、滋阴益气。

鹌鹑蛋鸡肝汤

原料

鸡肝、鹌鹑蛋……各150 克
枸杞叶……10 克
姜、盐各适量

做法

1. 将鸡肝洗净，切成片；枸杞叶洗净。
2. 将鹌鹑蛋煮熟后，剥去蛋壳；姜洗净切片。
3. 将鹌鹑蛋、鸡肝、枸杞叶、姜片一起加水煮至熟，加盐调味即可。

汤品解说

鸡肝养肝明目，枸杞叶滋阴养血，与鹌鹑蛋同食，对血虚引起的面色微黄或苍白、精神萎靡以及眼睛干涩有很好的改善效果。

黑木耳猪蹄汤

原料

猪蹄……………………………………………350 克

黑木耳…………………………………………10 克

红枣、姜、盐各适量

做法

1. 将猪蹄洗净，斩块；黑木耳泡发后洗净，撕成小朵；红枣洗净；姜洗净切片。
2. 锅注水烧沸，下猪蹄煮去血水，捞出洗净。
3. 砂煲注水烧沸，下入姜片、红枣、猪蹄、黑木耳，以大火烧沸后改用小火煲煮2小时，加盐调味即可。

菠菜猪肝汤

原料

猪肝……………………………………………150 克

菠菜……………………………………………250 克

盐、味精各适量

做法

1. 将菠菜去根洗净、切段；猪肝洗净、切片。
2. 锅内加入清水适量，以大火煮沸后，放入菠菜、猪肝，稍滚后，加入味精、盐调味即成。

西红柿红枣汤

原料

西红柿…………………………………………400 克

玉米粉…………………………………………300 克

红枣、白糖各适量

做法

1. 将西红柿用开水烫后去皮，切方丁；锅内加开水，放入洗净的红枣煮开，改小火煮20分钟。
2. 玉米粉调糊，倒入锅内，边倒边搅动，再加西红柿丁、白糖搅匀即可。

葡萄当归煲猪血

原料

葡萄……………………………………………150 克
当归、党参、阿胶………………………… 各15 克
猪血………………………………………… 200 克
葱末、姜末、盐、味精各适量

做法

1. 将葡萄洗净去皮；当归、党参洗净。
2. 猪血洗净切方块，与当归、党参同放入砂锅，加水适量以大火煮沸，烹入料酒；再改小火煨煮30分钟；加葡萄，继续煨煮。
3. 放入阿胶，待熔化后加入所有调料即成。

何首乌黑豆煲鸡爪

原料

鸡爪………………………………………… 8 只
何首乌、黑豆……………………………… 各10 克
猪瘦肉………………………………………100 克
红枣、盐各适量

做法

1. 鸡爪斩去趾甲，洗净备用；红枣、何首乌洗净备用；猪瘦肉洗净，汆烫去腥备用。
2. 黑豆洗净，放锅中炒至豆壳裂开。
3. 将全部用料放入煲内，加适量清水煲3小时，下盐调味即可。

红枣核桃仁乌鸡汤

原料

红枣………………………………………… 8 颗
核桃仁……………………………………… 20 克
乌鸡……………………………………… 250 克
姜、盐各适量

做法

1. 将乌鸡洗净，斩块汆水；红枣、核桃仁洗净备用；姜洗净切片。
2. 净锅上火倒入水，调入盐、姜片，下入乌鸡、红枣、核桃仁；水沸后转小火煲至乌鸡熟烂即可。

四物鸡汤

原料

鸡腿……150 克
熟地……25 克
当归……15 克
川芎……5 克
炒白芍……10 克
盐适量

做法

1. 将鸡腿剁块，放入沸水中氽烫，捞出冲净；所有药材以清水快速冲净。
2. 将鸡腿和所有药材放入炖锅，加适量水以大火煮开，再转小火续炖40分钟。
3. 起锅前加盐调味即可。

汤品解说

熟地补血滋阴，当归补血和血，川芎祛风止痛，炒白芍柔肝止痛、敛阴止汗。四药合用为四物汤，是补血名方。此汤能有效改善因贫血引起的头晕目眩、面色微黄或苍白、腰膝酸软、潮热盗汗、神疲乏力等症状。

阿胶黄芪红枣汤

原料

阿胶……………………………………10 克
黄芪……………………………………18 克
红枣……………………………………10 颗
盐适量

做法

1. 将黄芪、红枣分别洗净，备用；将阿胶洗净，切成小块。
2. 锅内注入适量清水，以大火煮沸后，放入黄芪、红枣，改小火煮1分钟；再放入阿胶，煮至阿胶溶化后，加盐调味即可。

汤品解说

阿胶滋阴润燥，黄芪固表益气，红枣补血养颜。此汤具有滋阴补血、补气健脾的作用，可改善面色萎黄、贫血等症状。

枸杞桂圆银耳汤

原料

银耳……………………………………50 克
枸杞……………………………………20 克
桂圆肉…………………………………10 克
姜、盐各适量

做法

1. 将桂圆肉、枸杞洗净；姜洗净切片。
2. 将银耳泡发，洗净，煮5分钟，沥干。
3. 下油爆香姜片，银耳略炒后盛起；另加适量水煲沸，放入桂圆肉、枸杞、银耳、姜片煲沸，转小火煲1小时后，下盐调味即成。

汤品解说

桂圆补心脾、益气血，枸杞养肝明目、补血养心，银耳滋阴润肺。此汤对面色萎黄、两目干涩、口干咽燥等症均有很好的改善作用。

何首乌鸡肝汤

原料

何首乌……………………………………15 克
鸡肝………………………………………50 克
荷兰豆……………………………………5 片
姜、盐各适量

做法

1. 将鸡肝剔去肥油、血管等杂质，洗净，沥干，切大片。
2. 荷兰豆撕去边丝，洗净；姜洗净，切丝。
3. 将何首乌放入煮锅，加适量水以大火煮沸，转小火续煮15分钟，转中火让汤汁再沸，放入鸡肝煮熟，再放入荷兰豆和姜丝，加盐调味即可。

汤品解说

何首乌有养血滋阴、润肠通便的功效，鸡肝有补肝明目的作用，荷兰豆益脾和胃、生津止渴。此汤能增进视力、缓解眼睛疲劳。

葡萄干红枣汤

原料

红枣………………………………………15 颗
葡萄干……………………………………30 克
红糖适量

做法

1. 将葡萄干、红枣洗净。
2. 锅中加适量的水，以大火煮沸，先放入红枣煮10分钟，再下葡萄干，煮至枣烂，最后加红糖拌匀即可。

汤品解说

红枣补中益气、养血生津，葡萄干补血强智、滋肾益肝。此汤具有养肝补血、滋阴明目的功效，可改善眼睛干涩、视物模糊、贫血等症。

百合桂圆瘦肉汤

原料

百合……150克
桂圆肉……20克
猪瘦肉……200克
红枣……5颗
白糖、盐各适量

做法

1. 将百合剥成片状，洗净；桂圆肉洗净。
2. 将猪瘦肉洗净，切片；红枣泡发。
3. 锅中放入油、清水、百合、桂圆肉、红枣，开锅后煮10分钟左右，放入猪瘦肉，以小火滚至猪瘦肉熟，加入白糖、盐调味即可。

汤品解说

桂圆肉、红枣均可益心脾、补气血，百合有养心安神的作用。此汤对贫血引起的心悸失眠、头晕眼花等有良好的食疗效果。

黄芪蔬菜汤

原料

黄芪……15克
西蓝花……300克
西红柿……1个
鲜香菇……3朵
盐适量

做法

1. 将西蓝花撕成小朵，洗净。
2. 西红柿洗净，切块；鲜香菇洗净，对切。
3. 黄芪入锅加水煮沸，转小火煮10分钟，再加入西红柿和香菇续煮15分钟后，加入西蓝花，转大火煮沸，最后加盐调味即可。

汤品解说

黄芪有益气补血、固表敛汗、强健脾胃的功效。此汤营养丰富，味道鲜美，对气血亏虚引起的气色不佳有较好的食疗作用。

改善口燥舌红的滋阴汤

很多忙碌的上班族发现自己到了午后会脸红发热，有些还容易烦躁，甚至爱出汗。这也许并不是开空调导致的，而是自己出现了阴虚的症状。阴虚指精血或津液亏损的病理现象，因精血和津液都属阴，故称阴虚。阴虚主症为五心烦热、午后潮热、盗汗、颧红、消瘦、舌红少苔等。本章为读者提供一些简单可行的滋阴汤。

菊花苦瓜猪瘦肉汤

原料

猪瘦肉……………………………………400 克
苦瓜………………………………………200 克
菊花…………………………………………10 克
盐、鸡精各适量

做法

1. 将苦瓜洗净，去子、瓤，切片；菊花洗净，用水浸泡。
2. 将猪瘦肉放入沸水中汆烫，捞出洗净切块。
3. 锅中注水，烧沸，放入猪瘦肉、苦瓜、菊花慢炖1.5小时后，调入盐和鸡精即可。

汤品解说

菊花具有疏风明目、清热解毒的功效，苦瓜能清肝泻火。此汤可有效改善目赤肿痛、口干舌燥、小便黄赤、大便秘结等症。

车前枸杞叶猪肝汤

原料

车前子……………………………………150 克
猪肝…………………………………………1 只
枸杞叶……………………………………100 克
姜片、盐、香油各适量

做法

1. 将车前子洗净，加入800毫升水，煎至剩400毫升。
2. 将猪肝、枸杞叶洗净，猪肝切片，枸杞叶切段。
3. 将猪肝、枸杞叶放入煮锅，加入姜片和盐继续加热，同煮至熟，淋上香油即可。

汤品解说

车前子可清热利尿，枸杞叶、猪肝均有养肝明目的功效。三者合用，对两目干涩、口干舌燥等症有较好的食疗改善效果。

人参雪梨乌鸡汤

原料

乌鸡……300克
雪梨……1个
黑枣……5颗
人参……10克
盐适量

做法

1. 将雪梨洗净，切块去核；乌鸡洗净砍成小块；黑枣洗净；人参洗净切大段。
2. 锅中加水烧沸，放入乌鸡块，焯去血水后捞出。
3. 锅中加油烧热，把乌鸡块下入爆香后，加入适量清水，再加入雪梨、黑枣、人参一起以大火炖熟后，加盐调味即可。

汤品解说

人参具有益气养血、培本固元的功效，乌鸡滋阴润肤，雪梨润肺止咳。常食此汤，能滋阴益气、抗衰防老。

蝉花熟地猪肝汤

原料

蝉花、熟地……各10克
猪肝……180克
红枣……6颗
姜、淀粉、盐、胡椒、香油各适量

做法

1. 将蝉花、熟地、红枣洗净；猪肝洗净，切薄片，加淀粉、胡椒、香油腌渍片刻；姜洗净去皮，切片。
2. 将蝉花、熟地、红枣、姜片放入瓦煲内，注入适量清水，以大火煲沸后改为中火煲约2小时，放入猪肝滚熟；放入盐调味即可。

汤品解说

蝉花、熟地、猪肝均具有滋阴明目的功效，可辅助治疗白内障。此汤能滋阴益气、补肝肾，非常适合肝肾亏虚者和老年人食用。

山药枸杞牛肝汤

原料

牛肝、山药……………………………………各500 克
枸杞、白芍……………………………………各10 克
盐适量

做法

1. 将牛肝洗净，氽水后捞起再冲洗，待凉后切成薄片备用；山药洗净，削皮，切块；白芍洗净。
2. 将牛肝、山药、白芍放入锅中，加适量水，以大火煮沸后转小火慢炖1小时；加入枸杞，续煮10分钟，加盐调味即可。

黑豆莲枣猪蹄汤

原料

莲藕……………………………………………200 克
猪蹄……………………………………………150 克
黑豆……………………………………………25 克
红枣、当归、姜片、清汤、盐各适量

做法

1. 将莲藕洗净、切成块；猪蹄洗净、斩块；黑豆、红枣洗净浸泡20分钟备用。
2. 净锅上火倒入清汤，放入姜片、当归，调入盐烧沸，放入猪蹄、莲藕、黑豆、红枣煲至熟，即可食用。

绿豆薏米汤

原料

薏米、绿豆……………………………………各20 克
低脂奶粉………………………………………25 克

做法

1. 先将绿豆与薏米洗净，浸泡大约2小时。
2. 砂锅洗净，将绿豆与薏米加入水中煮沸，待水煮开后转小火，将绿豆煮至熟透，汤汁呈黏稠状。
3. 滤出绿豆、薏米中的水，加入低脂奶粉搅拌均匀后，再倒入绿豆、薏米中，即可食用。

薄荷水鸭汤

原料

水鸭……400克
薄荷……100克
姜、盐、味精、鸡精、胡椒粉各适量

做法

1. 将水鸭洗净、切成小块；薄荷洗净、摘取嫩叶；姜洗净切片。
2. 锅中加水烧沸，下鸭块焯去血水，捞出。
3. 净锅加油烧热，放入姜片、鸭块炒干水分，加入适量清水煲30分钟，再调入薄荷、盐、味精、鸡精、胡椒粉即可食用。

汤品解说

薄荷能防腐杀菌、利尿化痰，水鸭能补虚去损、强身补气。此汤营养丰富，口感柔韧，有清热利湿的功效，能改善盗汗等症。

地黄乌鸡汤

原料

生地、丹皮……各15克
红枣……8颗
午餐肉……100克
乌鸡……1只
姜、葱、骨头汤、盐、味精、料酒各适量

做法

1. 将生地、丹皮洗净沥水；午餐肉切块；姜洗净切片；葱洗净切段。
2. 乌鸡去内脏及爪尖，剁块，入开水中汆烫。
3. 将骨头汤倒入净锅中，放入乌鸡块、午餐肉、生地、丹皮、红枣、姜片，烧沸后加入盐、味精、料酒、葱段调味即可。

汤品解说

生地清热凉血、益阴生津，丹皮活血散淤，红枣补中益气，乌鸡滋阴养颜。故此汤对肝血亏虚引起的口燥舌红有食疗效果。

山药黄精炖鸡

原料

鸡肉……………………………………1 000 克
黄精……………………………………30 克
山药……………………………………100 克
盐适量

做法

1. 将鸡肉洗净，切块，入沸水中汆烫；黄精、山药洗净。
2. 把鸡肉、黄精、山药一起放入炖盅，加水适量；隔水炖熟后加盐调味即可。

汤品解说

黄精具有滋阴益肾、健脾润肺的功效，山药可健脾补肾，鸡肉可益气补虚。故此汤可改善脾胃虚弱、便秘消瘦、自汗盗汗等症。

毛丹银耳饮

原料

西瓜……………………………………20 克
红毛丹…………………………………60 克
银耳……………………………………5 克
冰糖适量

做法

1. 银耳泡发，去除蒂头，切小块，放入沸水中汆烫，捞起沥干；西瓜去皮，切小块；红毛丹去皮、核。
2. 将冰糖和适量水熬成汤汁，待凉。
3. 最后将西瓜、红毛丹、银耳、冰糖水放入碗中，拌匀即可。

汤品解说

银耳可滋阴润燥、利咽润肺，西瓜可清热泻火，红毛丹富含多种维生素和矿物质。此汤不仅可滋阴润肺、清热泻火，而且营养丰富。

花旗参瘦肉汤

原料

海底椰……150克
花旗参、川贝母……各10克
瘦肉……400克
红枣……2颗
盐适量

做法

1. 将海底椰、花旗参、川贝母洗净；瘦肉洗净切块，汆水。
2. 将海底椰、花旗参、川贝母、瘦肉、红枣放入煲内，注入700毫升沸水，加盖煲4小时，加盐调味即可。

汤品解说

花旗参益阴清火、生津止渴，川贝母清热化痰、散结消肿。此汤具有清热化痰、润喉止咳、滋阴补虚等功效。

荸荠海蜇汤

原料

玉竹……5克
荸荠……200克
海蜇皮……100克
盐适量

做法

1. 将玉竹、荸荠、海蜇皮洗净。
2. 将玉竹、荸荠、海蜇皮下入锅中，加水煮熟；加入盐调味即可。

汤品解说

荸荠开胃解毒、消宿食、健肠胃，海蜇皮可化痰消积、祛风解毒，玉竹养阴润燥。故此汤具有滋阴润肺、清热利尿、生津止渴的功效。

猪骨肉牡蛎炖鱼

原料

鲭鱼……1条
猪骨肉、牡蛎……各50克
葱段、盐各适量

做法

1. 将猪骨肉、牡蛎冲洗干净，加1 500毫升水熬成高汤，捞弃残渣。
2. 将鲭鱼处理干净，切段，拭干，入油锅炸至酥黄，捞起。
3. 将炸好的鱼放入高汤中，熬至汤汁呈乳黄色时，加葱段、盐调味即可食用。

牡蛎豆腐汤

原料

牡蛎、豆腐……各100克
鸡蛋……1个
韭菜……50克
葱、高汤、盐、味精、香油各适量

做法

1. 将牡蛎洗净；豆腐洗净切丝；韭菜洗净切末；葱洗净切丝。
2. 起油锅，将葱丝炝香，倒入高汤，下牡蛎、豆腐丝，调入盐、味精煲至入味。
3. 再下韭菜末、打散的鸡蛋，淋上香油即可。

莴笋蛤蜊煲

原料

莴笋……175克
豆腐……100克
蛤蜊……75克
葱、姜、盐各适量

做法

1. 将莴笋去皮洗净切片；豆腐洗净切片；蛤蜊洗净；葱、姜洗净切丝。
2. 净锅上火倒入油，将葱丝、姜丝爆香，下莴笋煸炒，倒入水烧沸，下豆腐煲10分钟，最后下蛤蜊续煲至开口后加盐调味即可。

芹菜响螺猪肉汤

原料

猪瘦肉……………………………………300 克
金针菇……………………………………50 克
芹菜………………………………………100 克
响螺、盐、鸡精各适量

做法

1. 将猪瘦肉洗净切块；金针菇洗净浸泡；芹菜洗净切段；响螺洗净取肉。
2. 将猪瘦肉、响螺肉入沸水中汆烫后捞出。
3. 锅注水烧沸，放入猪瘦肉、金针菇、芹菜、响螺肉炖2.5小时，调入盐和鸡精即可。

芹菜瘦肉汤

原料

芹菜、猪瘦肉………………………………各150 克
花旗参……………………………………20 克
盐适量

做法

1. 将芹菜洗净，去叶、梗切段；猪瘦肉洗净，切块；花旗参洗净，切丁，浸泡。
2. 将猪瘦肉放入沸水中汆烫，洗去血污。
3. 将芹菜、猪瘦肉、花旗参放入沸水中，以小火慢炖2小时，再改为大火，加入盐调味即可食用。

桑葚牛骨汤

原料

牛排骨……………………………………350 克
桑葚、枸杞、盐各适量

做法

1. 牛排骨洗净，斩块后汆去血水；桑葚、枸杞洗净泡软。
2. 汤锅加入适量清水，放入牛排骨，用大火烧沸后撇去浮沫。
3. 加入桑葚、枸杞，改用小火慢炖2小时，最后调入盐即可食用。

百合猪蹄汤

原料

百合……………………………………………100 克
猪蹄……………………………………………1 只
葱、姜、料酒、盐各适量

做法

1. 将猪蹄去毛后洗净，斩块；百合洗净；葱洗净切段；姜洗净切片。
2. 将猪蹄放入沸水中氽去血水。
3. 将猪蹄、百合加水适量，以大火煮1小时后，加入葱段、姜片、料酒、盐调味即可。

汤品解说

百合、猪蹄均有滋阴润燥的作用，百合能养心安神，猪蹄可补益心血。二者合用，有滋阴补血、润燥祛湿的功效。

雪莲金银花煲瘦肉

原料

猪瘦肉………………………………………300 克
雪莲、金银花…………………………………各3 克
干贝、山药、盐、鸡精各适量

做法

1. 猪瘦肉洗净，切块；雪莲、金银花、干贝洗净；山药洗净，去皮，切块。
2. 将猪瘦肉放入沸水中氽烫，取出洗净。
3. 将猪瘦肉、雪莲、金银花、干贝、山药放入锅中，加清水用小火炖2小时，放入盐和鸡精调味即可。

汤品解说

雪莲有通经活血、散寒除湿的功效，金银花可清热解毒，山药能滋阴补虚。此汤适合夏季食用，有清热防暑、滋阴润燥的食疗效果。

银杏玉竹猪肝汤

原料

银杏……100 克
玉竹……10 克
猪肝……200 克
盐、香油、高汤各适量

银杏：益脾气、定喘咳、缩小便

做法

1. 将猪肝洗净切片；银杏、玉竹洗净。
2. 净锅上火倒入高汤，下入猪肝、银杏、玉竹，调入盐烧沸。
3. 淋入香油即可装盘食用。

汤品解说

银杏有敛肺气、定咳喘的效果，还有美白除皱的美容作用；玉竹可滋阴润肺、养胃生津；猪肝可清肝、明目、养血。三者搭配食用，具有滋阴清热、敛肺止咳、固精止带、缩尿止遗的功效。

茯苓西瓜汤

原料

茯苓、薏米……各30 克
西瓜、冬瓜……各500 克
红枣、盐各适量

做法

❶ 将冬瓜、西瓜洗净切块；红枣、茯苓、薏米洗净。
❷ 将2 000毫升清水放入瓦煲内，煮沸后加入茯苓、薏米、西瓜、冬瓜、红枣，以大火煲开后，改用小火煲1小时，加盐调味即可。

雪梨猪腱汤

原料

猪腱……500 克
雪梨……1 个
无花果……8 颗
盐适量

做法

❶ 将猪腱洗净切块；雪梨去皮，切块；无花果用清水浸泡，洗净。
❷ 把全部用料放入清水煲内，以大火煮沸后，改小火煲2小时，加盐调味即可。

杨桃紫苏梅甜汤

原料

杨桃……1 颗
紫苏梅……4 颗
麦冬、天门冬……各10 克
冰糖、盐各适量

做法

❶ 将麦冬、天门冬放入棉布袋；杨桃表皮以少量的盐搓洗，切除头尾，再切成片状。
❷ 将全部材料放入锅中，以小火煮沸，加入冰糖搅拌溶化。
❸ 取出棉布袋，加入紫苏梅，待降温后即可。

冬瓜瑶柱汤

原料

冬瓜……………………………………200 克
虾………………………………………30 克
瑶柱、草菇…………………………各20 克
高汤、姜、盐各适量

做法

1. 将冬瓜去皮，切片；瑶柱泡发；草菇洗净，对切。
2. 将虾去壳洗净；姜切片。
3. 锅上火，爆香姜片，下入高汤、冬瓜、瑶柱、虾、草菇煮熟，加盐调味即可。

茯苓绿豆老鸭汤

原料

土茯苓…………………………………50 克
绿豆……………………………………200 克
陈皮………………………………………3 克
老鸭……………………………………500 克
盐适量

做法

1. 将老鸭洗净，斩块；土茯苓、绿豆洗净。
2. 瓦煲内加适量清水，以大火烧沸，然后放入土茯苓、绿豆、陈皮和鸭块，改用小火继续煲2小时，加盐调味即可。

苹果银耳猪腱汤

原料

苹果、鸡爪…………………………各2 个
银耳……………………………………15 克
猪腱……………………………………250 克
盐适量

做法

1. 苹果洗净带皮切成4份，去核；鸡爪斩趾。
2. 银耳浸透，去梗后飞水冲净；猪腱、鸡爪飞水，冲净。
3. 煲中加适量清水，将各材料加入，以大火煲10分钟，改小火煲2小时，调入盐即可。

砂仁黄芪猪肚汤

原料

猪肚……250 克
银耳……100 克
黄芪……25 克
砂仁……10 克
盐适量

做法

1. 银耳以冷水泡发，去蒂，撕小朵；猪肚洗净备用；黄芪、砂仁洗净备用。
2. 将猪肚汆水，切片。
3. 将猪肚、银耳、黄芪、砂仁一同放入瓦煲内，大火烧沸后再以小火煲2小时，最后加盐调味即可。

汤品解说

黄芪、猪肚均有补气健脾、益胃固表的功效，银耳滋阴润肺，砂仁行气健胃。故此汤能有效改善脾胃气虚所致的自汗等症。

熟地百合煮鸡蛋

原料

百合、熟地……各50 克
鸡蛋……2 个
蜂蜜适量

做法

1. 将百合、熟地洗净。
2. 将鸡蛋煮熟，捞出，去壳。
3. 将全部用料放入炖盅内，加清水适量；用大火煮沸后，改小火煲1个小时，再加入蜂蜜即可。

汤品解说

熟地可滋阴补肾、补肝养血，百合可滋阴生津、养心安神，鸡蛋可健脾补气。三者配伍对肾虚型潮热盗汗、五心烦热等症均有疗效。

淡菜首乌鸡汤

原料

淡菜……150 克
何首乌……5 克
鸡……1 只
盐适量

做法

1. 鸡剁块，汆烫，捞出冲洗干净。
2. 将淡菜、何首乌洗净。
3. 将准备好的鸡块、淡菜、何首乌入锅中，加水盖过材料，以大火煮开，转小火炖30分钟，加盐调味即可。

沙参玉竹焖老鸭

原料

老鸭……1 只
玉竹、北沙参……各50 克
葱末、姜片、盐、味精各适量

做法

1. 将老鸭宰杀洗净，汆去血水，斩块备用。
2. 北沙参、玉竹洗净。
3. 锅中加适量水烧沸，下入北沙参、老鸭、玉竹、姜片，转用小火煨煮，大概1小时后加盐和味精调味，撒上葱末即可。

青螺炖老鸭

原料

老鸭……500 克
青螺肉……100 克
葱段、姜片、盐各适量

做法

1. 老鸭处理干净，斩块，用水洗净沥干；青螺反复换水洗净沙泥。
2. 鸭肉放入冷水锅中煮开后捞起，放在砂锅中，加水淹没，用大火烧沸，撇去浮沫。
3. 下入青螺肉，转用小火炖至六成烂时，再加盐、葱段、姜片，炖至熟即可。

西红柿菠菜汤

原料

西红柿、菠菜……………………………… 各150克

盐适量

做法

❶将西红柿洗净、去皮、切丁；菠菜去根后洗净，切长段。

❷锅中加水煮开，加入西红柿煮沸，再放入菠菜；待汤汁再沸，加盐调味即成。

西红柿雪梨汤

原料

雪梨………………………………………… 2 个

西红柿、洋葱、芹菜………………… 各50 克

奶油、葱末、番茄酱、盐各适量

做法

❶将雪梨、西红柿洗净切块；洋葱切丝；芹菜烫热切粒。

❷锅上火，奶油入锅加热，下入洋葱丝、西红柿炒软，倒入清水，再加雪梨和番茄酱、芹菜粒、盐，煮开，撒上葱末即可食用。

银耳荸荠汤

原料

银耳………………………………………150 克

荸荠………………………………………12 粒

枸杞、冰糖各适量

做法

❶将银耳放入冷水中泡发，洗净。

❷锅中加水烧沸，下入银耳、荸荠煲约30分钟。

❸待熟后，再加入枸杞、冰糖，烧至冰糖溶化即可。

兔肉百合枸杞汤

原料

兔肉……60 克
百合……130 克
枸杞……5 克
葱花、盐各适量

做法

❶ 兔肉洗净，斩块；百合、枸杞泡发。
❷ 锅中加入清水，再加入兔肉、盐，烧开后倒入百合、枸杞，煮5分钟，撒上葱花即成。

汤品解说

枸杞、百合均为药食两用，能养肝明目、清心安神、滋阴润肺，兔肉有补中益气、凉血解毒的功效。故此款汤品适合阴虚潮热者食用。

牛奶银耳水果汤

原料

银耳……100 克
猕猴桃……1 颗
牛奶……300 毫升
圣女果……5 颗

做法

❶ 将银耳用清水泡软，去蒂，切成细丁。
❷ 将银耳加入牛奶中，以中小火边煮边搅拌，煮至熟软，熄火待凉装碗。
❸ 圣女果洗净，对切成两半，猕猴桃削皮切丁，一起放入碗中即可食用。

汤品解说

银耳滋养心阴、清热生津，猕猴桃生津润燥、解热除烦。故此汤有通利肠道的功效，可缓解肺燥咳嗽、口干舌红、肠燥便秘等症。

生地绿豆猪大肠汤

原料

猪大肠……100 克
绿豆……50 克
生地、陈皮……各3 克
姜、盐各适量

做法

1. 将猪大肠切段后洗净；绿豆洗净，浸泡10分钟；生地、陈皮、姜洗净。
2. 锅加水烧沸，入猪大肠煮透，捞出。
3. 将猪大肠、生地、绿豆、陈皮、姜放入炖盅，注入清水，以大火烧沸，改用小火煲2小时，加盐调味即可。

汤品解说

生地具有清热凉血、养阴生津的功效，绿豆、猪大肠可清热解毒。此汤对阴虚火旺导致的咽干口燥有较好的食疗作用。

党参麦冬瘦肉汤

原料

瘦肉……300 克
党参……15 克
麦冬……10 克
山药、姜、盐、鸡精各适量

做法

1. 将瘦肉洗净，切块；党参、麦冬分别洗净；山药、姜洗净，去皮，切片。
2. 将瘦肉汆去血污，洗净后沥干水分。
3. 锅中注水烧沸，放入瘦肉、党参、麦冬、山药、姜片，用大火炖，待山药变软后改小火炖至熟烂，加入盐和鸡精调味即可。

汤品解说

党参有补气固表、益脾健胃的功效，麦冬可滋阴生津、润肺止咳、清心除烦。此汤益气滋阴、健脾和胃，是缓解秋燥的滋补佳品。

冬瓜鲫鱼汤

原料

玉竹……15 克
沙参、麦冬…… 各10 克
鲫鱼……1 条
冬瓜……100 克
葱丝、姜片、盐、胡椒粉、香油各适量

做法

1. 鲫鱼收拾干净；冬瓜去皮洗净，切片；玉竹、麦冬、沙参洗净。
2. 起油锅，将葱丝、姜片炝香，下入冬瓜炒至半生。
3. 将冬瓜锅中倒入水，下鲫鱼、玉竹、沙参、麦冬煮至熟，调入盐、胡椒粉，淋入香油即可。

汤品解说

冬瓜有清热除烦的功效，鲫鱼可和中补虚。故本品有助于缓解阴虚所致的五心烦热等症。

银耳雪梨煲鸭

原料

银耳…… 30 克
老鸭…… 300 克
雪梨……1 个
姜、盐、味精、鸡精适量

做法

1. 老鸭斩块，洗净；雪梨洗净去皮，切块；银耳泡发后切成小朵；姜洗净去皮，切片。
2. 锅中加水烧沸后，下入鸭块汆去血水。
3. 将鸭块、雪梨块、银耳、姜片一同装入碗内，加入适量清水，放入锅中炖熟后调入盐、味精、鸡精即可。

汤品解说

银耳有滋阴润肺的功效，雪梨可清心润肺，鸭肉更是富含蛋白质的滋补佳品。故此汤是抗燥的秋补家常靓汤。

蜜橘银耳汤

原料

银耳……20克

蜜橘、白糖……各200克

水淀粉适量

做法

1. 将银耳泡发后洗净，放入碗内，上笼蒸1小时后取出。
2. 蜜橘剥皮去筋，只剩净蜜橘肉；将汤锅置于大火上，加入适量清水，将蒸好的银耳放入汤锅内，再放入蜜橘肉、白糖煮沸。
3. 用水淀粉勾芡，待汤煮沸即成。

青橄榄炖水鸭

原料

水鸭……1只

猪肉……250克

火腿、青橄榄、姜、花雕酒、盐、鸡精、浓缩鸡汁、味精各适量

做法

1. 将水鸭洗净，划开背部；猪肉和火腿洗净后切成粒状；姜洗净切片。
2. 将猪肉、水鸭汆烫后与火腿、青橄榄、姜片、花雕酒同装入盅内炖4小时。
3. 汤内加入盐、鸡精、浓缩鸡汁、味精即可。

半夏薏米汤

原料

半夏……15克

薏米……100克

百合……10克

盐、冰糖各适量

做法

1. 将半夏、薏米、百合洗净。
2. 锅中加水烧沸，倒入薏米煮至沸腾，再倒入半夏、百合煮至熟；最后加入盐、冰糖，拌匀即可。

沙参菊花枸杞汤

原料

枸杞……5克
菊花……3克
沙参、冰糖各适量

做法

① 将菊花洗净；沙参、枸杞分别洗净，红枣泡发1小时。
② 将沙参、枸杞盛入煮锅，加适量的水，煮约20分钟；至汤汁变稠，加入菊花续煮5分钟；待汤味醇香时，加冰糖煮至溶化即可。

汤品解说

菊花具有滋阴润肺、散风清热的功效，沙参可清热养阴、润肺止咳，枸杞能清心安神、滋阴润肺。此汤对阴虚肺燥引起的咳嗽、咯血、咽喉干燥等症均有疗效。

沙参豆腐冬瓜汤

原料

沙参、葛根……各10克
豆腐……250克
冬瓜……200克
盐适量

做法

① 豆腐切小块；冬瓜去皮后切薄片；沙参、葛根洗净。
② 锅中加水，放入豆腐、冬瓜、沙参、葛根同煮；煮沸后加盐调味即可食用。

汤品解说

沙参可滋阴清热，葛根能解热、消炎、抗菌、提高免疫力。此汤有生津止渴的功效，可用于糖尿病患者改善口渴、尿多等症。

雪梨银耳百合汤

原料

百合……………………………………30 克
雪梨……………………………………1 个
银耳……………………………………40 克
枸杞、香葱末、蜂蜜各适量

做法

1. 将雪梨洗净，去核；百合、银耳、枸杞洗净泡发。
2. 往锅内加入适量水，将雪梨、百合、银耳、枸杞放入锅中煮至熟透。
3. 调入蜂蜜和香葱末搅拌即可食用。

汤品解说

雪梨和银耳均具有养阴清热、润肺生津的功效。此汤可用于治疗肺阴亏虚所致的干咳、咯血、咽喉干燥等症，也适合肺结核患者食用。

猪肺雪梨木瓜汤

原料

熟猪肺…………………………………200 克
木瓜……………………………………30 克
雪梨……………………………………15 克
水发银耳………………………………10 克
盐、白糖各适量

做法

1. 将熟猪肺切方丁；木瓜、雪梨收拾干净，切方丁；水发银耳洗净，撕成小朵。
2. 净锅上火，倒入水，放入熟猪肺、木瓜、雪梨、水发银耳煲至熟，调入盐、白糖即可。

汤品解说

猪肺可补肺润燥；木瓜、雪梨均有生津润肺、清热养阴的功效；银耳益气清肠、补气和血。故此汤能有效缓解口干咽燥等症状。

枸杞菊花绿豆汤

原料

枸杞……100 克
菊花……15 克
绿豆……30 克
冰糖适量

做法

1. 将绿豆洗净，用清水浸泡约半小时；枸杞、菊花洗净。
2. 把绿豆放入锅内，加清水适量，以大火煮沸后，改小火煮至绿豆烂。
3. 加入菊花、枸杞、冰糖再煮5~10分钟即可。

汤品解说

菊花具有清疏风热、清肺润燥的功效，枸杞可清肝明目。故此汤对肺热咳嗽、风热头痛、口舌肿痛等热性病疗效颇佳，适合秋季食用。

苦瓜炖蛤蜊

原料

北沙参……10 克
苦瓜……300 克
蛤蜊……250 克
姜、蒜、盐、味精各适量

做法

1. 苦瓜洗净，剖开去子，切成长条；姜、蒜洗净切片；北沙参洗净。
2. 锅中加水烧沸，下入蛤蜊煮至开壳后捞出，冲水洗净。
3. 再将蛤蜊、苦瓜、北沙参一同放入锅中，加适量清水，以大火炖熟后，加入姜片、蒜片、盐、味精调味即可。

汤品解说

苦瓜能清热解暑、明目解毒，北沙参可养阴清肺、祛痰止咳，蛤蜊清热利湿、化痰软坚。故此汤可滋阴养心、生津止渴、清热泻火。

蛋花西红柿紫菜汤

原料

百合……15 克
紫菜……100 克
西红柿、鸡蛋……各50 克
盐适量

做法

1. 将紫菜泡发，洗净；百合洗净；西红柿洗净，切块；鸡蛋打散。
2. 锅置于火上，注水烧至沸时，放入紫菜、百合、西红柿，倒入鸡蛋。
3. 再煮至沸时，加盐调味即可。

灵芝黄芪猪蹄汤

原料

灵芝……8 克
黄芪、天麻……各15 克
猪蹄……300 克
葱、盐各适量

做法

1. 将天麻、灵芝、黄芪放入棉布袋内扎紧；葱洗净，切段。
2. 将猪蹄洗净，用沸水汆烫，并将血水挤出。
3. 将棉布袋置于锅中煮汤，待沸，下猪蹄入锅中熬煮，再下葱段、盐调味即成。

苦瓜甘蔗鸡骨汤

原料

甘蔗、苦瓜……各200 克
鸡胸骨……1 副
盐适量

做法

1. 将鸡胸骨汆烫，置净锅中，加适量清水。
2. 甘蔗洗净，去皮，切小段；苦瓜洗净去瓤和白色薄膜，切块。
3. 将甘蔗放入有鸡胸骨的锅中，以大火煮沸，转小火续煮1小时，将苦瓜放入锅中再煮30分钟，加盐调味即可。

罗汉果瘦肉汤

原料

罗汉果……………………………………1只
枇杷叶……………………………………15克
猪瘦肉……………………………………500克
盐适量

做法

1. 将罗汉果洗净，打成碎块。
2. 将枇杷叶洗净，浸泡30分钟；猪瘦肉洗净，切块。
3. 将2 000毫升清水放入瓦煲内，煮沸后加入罗汉果、枇杷叶、猪瘦肉，以大火煲开后，改用小火煲3小时，加盐调味即可。

汤品解说

罗汉果能清肺润肠，治疗百日咳、痰火咳嗽；枇杷叶清肺和胃、降气化痰。此汤有清肺泻火、滋阴润燥的功效，可辅助治疗肺炎、急性扁桃体炎。

灯芯草雪梨汤

原料

灯芯草……………………………………15克
薏米………………………………………30克
雪梨………………………………………1个
冰糖适量

做法

1. 将雪梨洗净，去皮、核，切块；将灯芯草、薏米洗净。
2. 锅内加适量清水，放入灯芯草、薏米，以小火煎沸。
3. 煎约20分钟后，加入雪梨块、冰糖，再煮沸即可。

汤品解说

灯芯草有清心降火、利尿通淋的功效，薏米利水健脾、除痹清热。故此汤利水通淋，可缓解前列腺炎引起的口干舌燥、小便短赤等症。

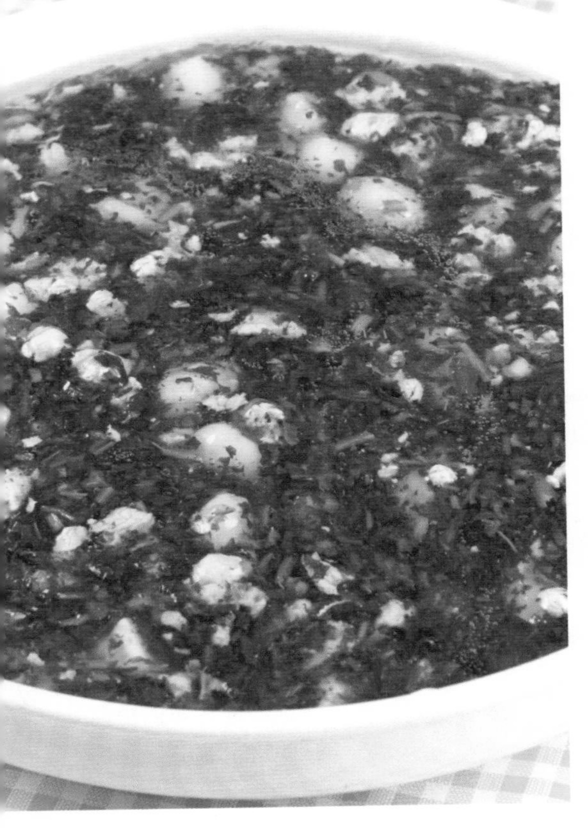

荠菜四鲜宝

原料

杏仁……30克
白芍……15克
荠菜……50克
虾仁……100克
盐、鸡精、料酒、淀粉各适量

做法

1. 将杏仁、白芍、荠菜、虾仁均洗净，切丁。
2. 将虾仁用盐、料酒、鸡精、淀粉上浆后，入四成热油中滑炒。
3. 锅中加入清水，将杏仁、白芍、荠菜、虾仁放入锅中煮熟后，再加盐调味即可。

汤品解说

杏仁能润肺止咳、降气平喘，白芍可平抑肝阳。此汤营养丰富，具有宣肺止咳、敛阴止汗、舒缓止痛、疏肝健脾的功效。

椰子杏仁鸭汤

原料

杏仁……20克
椰子……1个
鸭肉……45克
姜片、盐各适量

做法

1. 将椰子汁倒出；杏仁洗净；鸭肉洗净，斩块，汆水。
2. 净锅上火倒入椰子汁，下入鸭块、杏仁、姜片烧沸煲至熟，调入盐即可。

汤品解说

杏仁可止咳平喘、润肠通便，椰子补虚生津、利尿杀虫，鸭肉大补虚劳，滋阴五脏。故此汤有宣肺止咳、利尿通淋、滋阴益气等功效。

猪肚银耳花旗参汤

原料

花旗参……25克
猪肚……250克
银耳……100克
乌梅、盐各适量

做法

1. 将银耳以冷水泡发，去蒂；乌梅、花旗参均洗净备用。
2. 将猪肚刷洗干净，汆水，切片。
3. 将猪肚、银耳、花旗参、乌梅加水以小火煲2小时，再加盐调味即可。

莲子牡蛎鸭汤

原料

蒺藜子、芡实、莲须、鸭肉、牡蛎、鲜莲子、盐各适量

做法

1. 将蒺藜子、莲须、牡蛎洗净放入棉布袋中，扎紧袋口。
2. 将鸭肉放入沸水中汆烫，捞出洗净；鲜莲子、芡实冲净，沥干。
3. 将鸭肉、鲜莲子、芡实及棉布袋放入锅中，加7碗水以大火煮开，转小火续炖40分钟至鸭肉熟烂，取出棉布袋，调入盐即可。

天冬桂圆参鲍汤

原料

天冬、太子参……各50克
鲍鱼……100克
猪瘦肉……250克
桂圆肉、盐、味精各适量

做法

1. 将鲍鱼用开水烫4分钟，洗净；猪瘦肉洗净，切块；天冬、太子参、桂圆肉洗净。
2. 把全部材料放入炖盅内，加开水适量，盖好，隔水以小火炖3小时，最后调入盐、味精即可。

沙参玉竹煲猪肺

原料

沙参、玉竹……………………………… 各15 克
猪肺………………………………………1 个
猪腱肉………………………………………180 克
红枣、姜、盐各适量

做法

1. 沙参、玉竹洗净，沥干切段；猪腱肉洗净，切成小块后飞水；红枣洗净；猪肺洗净后切成块；姜洗净切片。
2. 把全部材料放入锅中，加入适量清水煲沸，再改中小火煲至汤浓，加入适量盐调味即可。

石斛炖鲜鲍

原料

鲜鲍………………………………………… 3 只
石斛、生地……………………………… 各10 克
猪骨肉……………………………………… 40 克
姜片、高汤、盐、味精各适量

做法

1. 鲍鱼去内脏，洗净；猪骨肉与鲍鱼入沸水中汆烫，捞出洗净，放入炖盅内。
2. 在炖盅内注入高汤，放入洗净的石斛及生地、姜片炖3小时。
3. 捞出汤表面的油渍，调入盐、味精即可。

黄连冬瓜鱼片汤

原料

黄连、知母、酸枣仁…………………… 各10 克
鲷鱼………………………………………100 克
冬瓜………………………………………150 克
姜、盐各适量

做法

1. 将鲷鱼洗净，切片；冬瓜去皮洗净，切片；姜洗净切丝；把全部药材放入棉布袋。
2. 将鲷鱼、冬瓜、姜丝和棉布袋放入锅中，加入清水，以中火煮沸至熟。
3. 取出棉布袋，加入盐调味即可。

增强性欲的壮阳汤

肾阳指肾脏的阳气，肾阳有温养腑脏的作用，为人体阳气的根本。肾阳虚的重要表现为：阳痿、早泄、宫寒不孕、精神萎靡等。本章为大家介绍一些有助于提高肾阳的壮阳汤。

山药乌鸡汤

原料

熟地、山药……………………………………各15 克
山茱萸、丹皮、茯苓、泽泻……………各10 克
牛膝…………………………………………………8 克
乌鸡腿………………………………………………1 只
盐适量

做法

❶将乌鸡腿洗净，剁块，放入沸水中汆烫，去掉血水。
❷将乌鸡腿及所有的药材盛入煮锅中，加适量水至盖过所有的材料。
❸以大火煮沸，然后转小火续煮40分钟左右，放入盐调味即可，吃肉喝汤。

汤品解说

几味药材均有滋阴补肾、温中健脾的功效。此汤对因肾阴亏虚导致的性欲减退、阳痿不举、遗精早泄等症均有很好的疗效。

山药枸杞莲子汤

原料

山药…………………………………………200 克
莲子…………………………………………50 克
枸杞…………………………………………20 克
银耳…………………………………………6 朵
冰糖适量

做法

❶山药去皮，切段；莲子、枸杞洗净；银耳洗净、泡发。
❷将山药、枸杞、莲子、银耳共同放入瓦罐中，加入清水适量。
❸以大火煮沸，再转小火慢炖2小时，加入冰糖，待汤液黏稠即可起锅食用。

汤品解说

山药补脾止泻，枸杞和银耳均有益气滋阴的作用，莲子清心安神。此汤可涩汗固精，对阳气外泄、汗多滑精者有食疗作用。

补骨脂虫草羊肉汤

原料

补骨脂、冬虫夏草……………………………各2 克
熟地…………………………………………………10 克
山药…………………………………………………30 克
枸杞…………………………………………………15 克
羊肉…………………………………………………750 克
红枣…………………………………………………4 颗
姜、盐各适量

做法

❶将羊肉洗净，切块，汆烫，去除膻味。
❷将冬虫夏草、山药、熟地、枸杞洗净；姜洗净切片。
❸将所有材料放入锅内，加适量清水，以大火煮沸后改小火煲3小时，加盐调味即可。

汤品解说

补骨脂有补肾壮阳、补脾健胃的作用，冬虫夏草对阳痿遗精、腰膝酸痛有较好疗效。故此汤可温补肝肾、益精填髓、养血滋阴。

三参炖三鞭

原料

牛鞭、鹿鞭、羊鞭………………………各200 克
花旗参、人参、沙参、枸杞………………各5 克
老母鸡……………………………………………1 只
盐、味精各适量

做法

❶将三种鞭削去尿管，切成片。
❷将三种参和枸杞洗干净；老母鸡洗净。
❸用小火将老母鸡、三参、三鞭、枸杞一起煲3小时，调入盐和味精即可。

汤品解说

牛鞭、鹿鞭、羊鞭均是补肾壮阳的良药，人参、花旗参、沙参可益气补虚、滋阴润燥。故此汤能有效改善阳痿症状。

菟杞红枣炖鹌鹑

原料

鹌鹑……2只
菟丝子、枸杞……各10克
红枣、料酒、盐各适量

做法

❶鹌鹑洗净，斩块，汆水去其血污。
❷菟丝子、枸杞、红枣用温水浸透。
❸将以上用料连同适量开水倒进炖盅，加入料酒，隔水以大火炖30分钟，转小火炖1小时，加盐调味即可。

黄精炖鸽肉

原料

鸽子……1只
黄精……15克
杜仲……10克
料酒、盐各适量

做法

❶将鸽子去毛及内脏，洗净，剁成小块；黄精、杜仲泡发，洗净。
❷锅中加水烧沸，下入鸽块汆去血水。
❸鸽块放入锅中，加水，再加入黄精、枸杞、杜仲、料酒、盐，煮至熟即可。

参归山药猪腰汤

原料

猪腰……1个
人参、当归……各10克
山药……30克
葱丝、姜丝、香油、盐各适量

做法

❶将猪腰剖开，去除筋膜，冲洗干净，在背面用刀划斜纹，切片备用；人参、当归放入砂锅中，加清水煮沸10分钟。
❷加入猪腰片、山药，略煮至熟后加香油、盐、葱丝、姜丝即可。

肉桂煲虾丸

原料

虾丸……150 克
猪瘦肉……50 克
肉桂……5 克
薏米……25 克
姜、香油、盐、味精各适量

做法

1. 虾丸对半切开；猪瘦肉洗净后切成小块；姜洗净拍烂。
2. 肉桂洗净；薏米淘净。
3. 将以上材料放入炖煲，待锅内水开后，先用中火炖1小时，然后再用小火炖1小时，调入香油、盐和味精即可。

汤品解说

虾可补肾壮阳，肉桂能补元阳、暖脾胃、除积冷、通血脉。二者共用，可有效改善阳痿、体倦、腰痛腿软等症。

黄精海参炖乳鸽

原料

乳鸽……1 只
黄精、海参、枸杞、盐各适量

做法

1. 将乳鸽洗净；黄精、海参均洗净、泡发。
2. 热锅注水烧沸，然后下乳鸽汆透，捞出。
3. 将乳鸽、黄精、海参、枸杞放入瓦煲，注水，以大火煲沸，改小火煲2.5小时，加盐调味即可。

汤品解说

黄精能补气、养阴、益肾；乳鸽有补肾、益气、养血的功效；海参能补肾益精、养血润燥。故此汤对性欲减退者有一定疗效。

鹿茸山药熟地瘦肉汤

原料

山药……30克
鹿茸、熟地……各10克
瘦肉……200克
盐、味精各适量

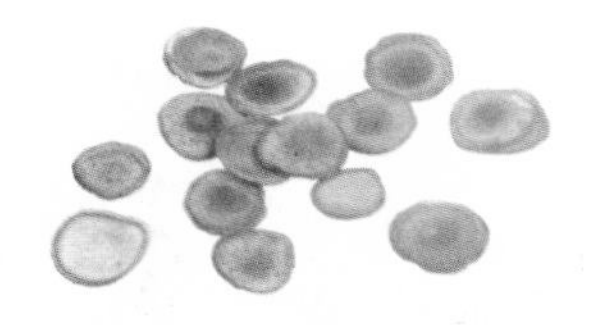

鹿茸：壮元阳、补气血、益精髓、强筋骨

做法

1. 将山药去皮洗净，切块；鹿茸、熟地均洗净；瘦肉洗净切块。
2. 锅中注水烧沸，放入瘦肉、山药、鹿茸、熟地，以大火烧沸后，转小火慢炖2小时；放入盐、味精调味即可。

汤品解说

鹿茸能补肾壮阳、益精生血、强筋壮骨，熟地能滋阴补肾，山药能补脾养胃、补肾涩精。此汤具有补精髓、助肾阳、强筋骨的功效，对性欲减退、滑精早泄、脾虚食少、肾虚遗精等症均有较好的食疗效果。

鲜人参煲乳鸽

原料

乳鸽……………………………………………1 只
鲜人参…………………………………………30 克
红枣……………………………………………10 颗
姜、盐、味精各适量

做法

1. 乳鸽、鲜人参洗净；红枣洗净，去核；姜洗净去皮，切片。
2. 乳鸽入沸水中汆去血水后，捞出洗净。
3. 将乳鸽、鲜人参、红枣、姜片一起盛入煲中，再加适量清水，以大火炖煮2小时，加盐、味精调味即可。

汤品解说

人参能大补元气、复脉固脱，乳鸽有补肾、益气、养血的功效。此汤能补气固体、益肾助阳，对阳痿、遗精、性欲减退有一定疗效。

三味鸡蛋汤

原料

鸡蛋…………………………………………… 1个
去芯莲子、芡实、山药 ……………………各9 克
冰糖适量

做法

1. 芡实、山药、莲子均用水洗净备用。
2. 将莲子、芡实、山药放入锅中，加入适量清水熬成药汤。
3. 加入鸡蛋煮熟，汤内再加入冰糖即可。

汤品解说

莲子可止泻固精、益肾健脾；芡实收敛固精、补肾助阳；山药补脾养胃、生津益肺、补肾涩精。本品具有补脾益肾、固精安神的功效，对性欲减退等症状有较好的效果。

木瓜车前草猪腰汤

原料

猪腰……300克
木瓜……200克
车前草、茯苓……各10克
盐、味精、米醋各适量

做法

❶将猪腰洗净、切片、焯水；车前草、茯苓洗净备用；木瓜洗净、去皮切块。
❷净锅上火倒入花生油，加入适量水，调入盐、味精、米醋，放入猪腰片、木瓜、车前草、茯苓，以小火煲至熟即可。

香菇甲鱼汤

原料

麦冬……10克
甲鱼……500克
香菇、腊肉、豆腐皮、姜、盐、鸡精各适量

做法

❶将甲鱼宰杀洗净；姜、腊肉洗净切片；香菇洗净对半切，焯水；豆腐皮、麦冬洗净。
❷甲鱼入沸水焯去血水，放入瓦煲中，加姜片、麦冬和适量水，煲至甲鱼熟烂，加盐、鸡精调味，放入香菇、腊肉、豆腐皮摆盘。

姜片海参炖鸡汤

原料

海参……3只
鸡腿……1只
姜、盐各适量

做法

❶将鸡腿肉汆烫，捞起备用；姜洗净切片。
❷将海参自腹部切开，洗净腔肠，切大块，汆烫，捞起。
❸煮锅加适量水煮沸后加入鸡腿肉和姜片，以大火煮沸后转小火炖约20分钟，加入海参续炖5分钟，加盐调味即可食用。

当归苁蓉炖羊肉

原料

核桃仁、肉苁蓉、桂枝……………………各15克
黑枣……………………………………………6颗
羊肉…………………………………………250克
当归……………………………………………10克
山药……………………………………………25克
姜片、盐、料酒各适量

做法

❶将羊肉洗净，汆烫；核桃仁、肉苁蓉、桂枝、当归、山药、黑枣洗净放入锅中，羊肉置于其上，再加入少量料酒以及适量水，水量盖过材料即可。
❷用大火煮沸后，再转小火炖40分钟，加入姜片及盐调味即可。

汤品解说

核桃仁补肾温肺，肉苁蓉益肾固精，桂枝补元阳、通血脉。此汤有补肾壮阳的功效，对改善肾亏、阳痿、遗精等症状有很好的食疗效果。

板栗羊肉汤

原料

枸杞…………………………………………20克
羊肉…………………………………………150克
板栗…………………………………………30克
吴茱萸、桂枝……………………………各10克
盐适量

做法

❶将羊肉洗净，切块；板栗去壳，洗净切块；枸杞洗净，备用。
❷吴茱萸、桂枝洗净，煎取药汁备用。
❸锅内加适量水，放入羊肉块、板栗块、枸杞，以大火烧沸再改用小火煮20分钟，倒入药汁，调入盐即成。

汤品解说

吴茱萸、桂枝均可暖胃散寒、温经通络，羊肉能补血益气，板栗可补肾强腰。此汤温中暖肾，适合肾虚阳痿者冬季食用。

当归羊肉汤

原料

当归……25 克
羊肉……500 克
姜、盐各适量

做法

❶将羊肉切块，汆烫，捞起冲净；姜洗净，切段微拍裂。
❷将当归洗净，切成薄片。
❸将羊肉、当归、姜盛入炖锅，加适量的水，以大火煮开，转小火慢炖2小时，加盐调味即可。

汤品解说

当归既能补血，又能活血，可促进血液循环；羊肉具有暖胃祛寒、增加身体御寒能力的作用。二者配伍，既可补养肾阳、增强性欲，又能散寒止痛，可有效改善肾虚引起的畏寒怕冷、四肢冰凉、腰膝酸软等症。

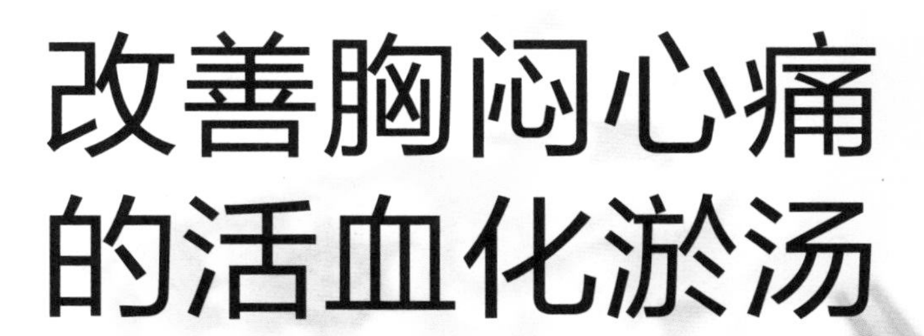

改善胸闷心痛的活血化淤汤

血淤即血液运行不畅，凡离开经脉之血不能及时消散，淤滞于某一处，或血流不畅，运行受阻，淤积于经脉或器官之内并呈凝滞状态，都叫血淤。血淤的人大多形体消瘦、皮肤干燥、心烦易怒。想要改善这样的体质，可多喝活血的汤品。

天麻枸杞鱼头汤

原料

鲑鱼头……………………………………………1 个
西蓝花…………………………………………150 克
蘑菇 ……………………………………………3 朵
天麻、当归、枸杞 ………………………… 各10 克
盐适量

天麻：息风定惊、通血脉

做法

1. 将鲑鱼头洗净；西蓝花洗净掰成朵；蘑菇洗净，对切为两半。
2. 将天麻、当归、枸杞以5碗水熬至剩4碗水左右，放入鱼头煮至将熟。
3. 将西蓝花、蘑菇加入煮熟，调入盐即可。

汤品解说

当归味补血养肝、调经止痛；天麻可熄风定惊，对于头晕头痛、健忘失眠等证有不错的功效；枸杞滋阴益气，更有调和诸药的功效。此汤平肝潜阳、活血化淤，适用于因高血压、高脂血、动脉硬化引起的头痛等症。

佛手瓜老鸭汤

原料

老鸭……………………………………………250 克
佛手瓜…………………………………………100 克
生地、丹皮、枸杞………………………各10 克
盐、鸡精各适量

做法

❶将老鸭收拾干净，切块，氽水；佛手瓜洗净，切片；枸杞洗净，泡发；生地、丹皮煎汁去渣备用。
❷在锅中放入老鸭肉、佛手瓜、枸杞，加入适量清水，以小火慢炖。
❸炖至香味四溢时，倒入药汁，调入盐和鸡精，稍炖即可出锅。

汤品解说

佛手瓜具有疏肝理气、活血化淤、和中止痛的功效，老鸭可益气补虚，生地可清热凉血，丹皮和血生血、除烦热。

川芎当归鳝鱼汤

原料

川芎……………………………………………10 克
当归……………………………………………12 克
桂枝……………………………………………5 克
鳝鱼……………………………………………200 克
红枣、盐各适量

做法

❶将川芎、当归、桂枝洗净；红枣洗净，浸软去核。
❷将鳝鱼剖开，去除内脏，洗净，入开水锅内稍煮，捞起过冷水，刮去黏液，切长段。
❸将全部材料放入砂煲内，加清水适量，以大火煮沸后，改小火煲2小时，加盐调味即可。

汤品解说

鳝鱼能补虚损、益气血。此汤有活血祛淤、行气开郁、祛风通络的作用，冬季食用可预防冠心病、动脉硬化等病症的发生。

猪肠莲子枸杞汤

原料

猪肠……………………………………………150 克

红枣、枸杞、党参、莲子、葱、盐各适量

做法

❶将猪肠切段，洗净，汆水；红枣、枸杞、党参、莲子均洗净；葱洗净切段。

❷瓦煲注水烧沸，下猪肠、红枣、枸杞、党参、莲子，炖煮2小时，加盐调味，撒上葱段即可。

花生香菇鸡爪汤

原料

鸡爪……………………………………………250 克

花生米…………………………………………45 克

香菇……………………………………………4 朵

高汤、盐适量

做法

❶将鸡爪洗净，剪去趾甲；花生米洗净浸泡；香菇洗净切片。

❷净锅上火倒入高汤，放入鸡爪、花生米、香菇煲至熟，调入盐即可食用。

银杏小排汤

原料

小排骨…………………………………………500 克

银杏……………………………………………30 克

葱末、姜片、料酒、盐、味精各适量

做法

❶将小排骨洗净、斩段。

❷银杏剥壳，去红衣后加水煮15分钟。

❸小排骨加料酒、姜片和适量水，用小火焖煮1小时后，再加入银杏，煮熟后调入盐、味精，撒上葱末，即可食用。

三七薤白鸡肉汤

原料

鸡肉……350 克

枸杞……20 克

红枣、三七、薤白、盐各适量

做法

❶ 将鸡肉斩块，汆水；三七洗净，切片；薤白切碎。

❷ 将鸡肉、三七、薤白、枸杞、红枣放入锅中，加适量清水，用小火慢煲2小时，加入盐调味即可食用。

二草红豆汤

原料

红豆……200 克

益母草……8 克

白花蛇舌草……15 克

红糖适量

做法

❶ 将红豆洗净，用水浸泡备用；益母草、白花蛇舌草洗净煎汁。

❷ 将药汁加红豆以小火续煮1小时后，至红豆熟烂，即可加红糖调味食用。

玉竹沙参炖乳鸽

原料

乳鸽……1 只

玉竹、沙参……各15 克

红枣、枸杞、姜片、盐各适量

做法

❶ 将乳鸽处理好，剁成块；玉竹、沙参、红枣、枸杞充分浸泡、清洗干净。

❷ 将乳鸽块放入砂锅中，加入800毫升冷水，以大火煮沸，撇净浮沫；加入其他材料，以大火煮沸后调小火，慢炖20分钟；加入姜片、盐继续炖10分钟即可。

香菇白菜猪蹄汤

原料

猪蹄……250 克
桃仁……15 克
白菜叶……150 克
香菇、姜、香油、盐、味精各适量

做法

❶将猪蹄洗净、切块、汆水；白菜叶洗净；香菇泡开洗净；桃仁、姜洗净。
❷净锅上火倒入油，将姜炝香，下白菜叶略炒，倒入水，加入猪蹄、香菇、桃仁煲2小时，加盐、味精、香油调味即可。

藕节胡萝卜排骨汤

原料

藕节、胡萝卜……各200 克
猪排骨……500 克
白术……20 克
姜片、盐各适量

做法

❶藕节刮去须、皮，洗净，切块；胡萝卜洗净，切块；猪排骨斩块，洗净，沥水。
❷将适量清水放入瓦煲内，煮沸后加入所有材料，以大火煲开后，改用小火煲3小时，加盐调味即可。

益母草蛋花汤

原料

益母草……50 克
鸡蛋……2 个
姜片、盐、白糖、鸡汤、鸡精、胡椒粉各适量

做法

❶将益母草洗净，放入沸水中煮开。
❷鸡汤放入锅中，加入盐、鸡精、白糖、姜片。
❸将鸡蛋打成蛋花，倒入锅中，搅散，加入胡椒粉即可。

五灵脂红花炖鱿鱼

原料

五灵脂……………………………………9 克
红花……………………………………6 克
鱿鱼……………………………………200 克
葱、姜、盐、料酒各适量

五灵脂：活血散淤

做法

❶把五灵脂、红花洗净；鱿鱼洗净，切块；姜洗净切片；葱洗净切段。
❷把鱿鱼放入蒸锅，加入盐、料酒、姜片、葱段、五灵脂和红花，注入150毫升清水。
❸把蒸锅置蒸笼内，用大火蒸35分钟即成。

汤品解说

五灵脂有活血散淤的功效，常用于治疗心腹淤血作痛；红花能活血通经、祛淤止痛；鱿鱼营养价值极高，有补虚养气、滋阴养颜的功效。故此汤对血淤型心绞痛、心肌梗死、动脉硬化等症有较好的食疗效果。

桂枝红枣猪心汤

原料

桂枝……20克
党参……10克
红枣……6颗
猪心……半个
盐适量

做法

1. 将猪心挤去血水，放入沸水中汆烫，捞出冲洗净，切片。
2. 将桂枝、党参、红枣分别洗净放入锅中，加3碗水，以大火煮开，转小火续煮30分钟。
3. 转中火让汤汁沸腾，放入猪心片，待水再开，加盐调味即可。

汤品解说

桂枝可补元阳、通血脉、暖脾胃，党参可安神定惊，红枣可补血益气。几者同食，对气血不足、气短心悸、心慌失眠等症均有食疗作用。

枸杞香菜猪心汤

原料

枸杞……50克
川芎……15克
猪心……200克
香菜……100克
姜丝、淀粉、盐各适量

做法

1. 枸杞、川芎洗净；香菜洗净切段。
2. 猪心切开，洗净后切片，用油、淀粉、盐、姜丝调味腌渍30分钟。
3. 将清水倒入锅内，煮沸后放入油、川芎、香菜、猪心，煮至猪心熟后再放入枸杞，加盐即可。

汤品解说

川芎活血行气、祛风止痛，枸杞补养气血，猪心安神定惊、养心补血。几者搭配，具有散寒除痹、益气养心、活血止痛的功效。

枸杞炖甲鱼

原料

枸杞……30克
桂枝……20克
莪术……10克
红枣……8颗
甲鱼……250克
盐适量

做法

1. 将甲鱼宰杀后洗净。
2. 将枸杞、桂枝、莪术、红枣洗净。
3. 将所有材料一齐放入煲内，加开水适量，小火炖2小时，再加盐调味即可。

汤品解说

枸杞能补血养气，甲鱼具有益气补虚、益肾健体等功效。故此汤滋阴养血、散结消肿，可辅助治疗肝硬化等证。

虫草海马炖鲜鲍

原料

鲜鲍鱼……1只
海马……4只
冬虫夏草……2克
净鸡……500克
猪瘦肉……200克
火腿……30克
姜、料酒、盐、鸡汁各适量

做法

1. 将鲍鱼去壳和肠，洗净；海马用瓦煲氽烫。
2. 净鸡斩块，猪瘦肉切成大粒，火腿切成粒，将切好的材料焯去杂质。
3. 把所有的原材料装入炖盅放入锅中，隔水炖4小时后，调入姜、料酒、盐、鸡汁即可。

汤品解说

此汤营养丰富，补而不燥，有解热明目、调气活血的功效。

螺肉煲西葫芦

原料

田螺肉……………………………………200 克
西葫芦……………………………………250 克
香附、丹参…………………………………各10 克
枸杞、高汤、盐各适量

做法

1. 将田螺肉用盐反复搓洗干净；西葫芦洗净切方块备用；香附、丹参洗净，煎取药汁，去渣备用。
2. 净锅上火倒入高汤，放入西葫芦、田螺肉、枸杞，以大火煮开，转小火煲至熟，倒入药汁，煮沸后调入盐即可。

汤品解说

田螺肉清热解毒、利尿消肿，西葫芦清热利水，丹参凉血活血，香附疏肝理气。几者搭配食用，具有化淤散结的功效。

佛手元胡猪肝汤

原料

佛手、元胡…………………………………各10 克
制香附……………………………………8 克
猪肝………………………………………100 克
葱、姜、盐各适量

做法

1. 将佛手、元胡、制香附洗净，备用；猪肝洗净切片，备用；姜洗净切丝；葱洗净切末。
2. 放佛手、元胡、香附入锅内，加适量水煮沸，再用小火煮15分钟左右。
3. 加入猪肝片，放适量盐、姜丝、葱末，熟后即可食用。

汤品解说

元胡、佛手、制香附均有行气止痛、活血化淤、宽胸散结的功效，猪肝可养肝补血。四者合用有化淤散结的功效，可辅助治疗乳腺增生。

佛手瓜胡萝卜荸荠汤

原料

胡萝卜……………………………………………100 克
佛手瓜……………………………………………75 克
荸荠………………………………………………35 克
姜、盐、香油、胡椒粉各适量

做法

❶将胡萝卜、佛手瓜、荸荠洗净，均切丝；姜洗净切末。
❷净锅上火倒油，将姜末爆香，放入胡萝卜、佛手瓜、荸荠煸炒，加入适量水，调入盐、胡椒粉烧沸，淋上香油即可。

汤品解说

佛手瓜可理气和中、疏肝止咳，荸荠能开胃解毒、消宿食、健肠胃。故此汤有理气活血、清热利湿的功效，适合脂肪肝患者食用。

丹参红花陈皮饮

原料

丹参……………………………………………10克
红花、陈皮…………………………………各5克

做法

❶将丹参、红花、陈皮洗净。
❷将丹参、陈皮放入锅中，加入适量水以大火煮开，再转小火煮5分钟。
❸放入红花，加盖闷5分钟即可。

汤品解说

丹参具有活血散淤、消肿止血、消炎止痛、安神静心等功效；红花可活血通经、散淤止痛，适用静脉曲张、末梢神经炎、血液循环不好、腿脚麻木等；陈皮有理气调中的作用。故此款汤品有助于活血化淤、疏肝解郁。

当归三七炖鸡

原料

乌鸡……………………………………………150 克
当归……………………………………………10 克
三七……………………………………………8 克
姜、盐各适量

做法

1. 将当归、三七洗净；姜洗净切片。
2. 将乌鸡宰杀洗净，斩块放入沸水中煮5分钟，取出过冷水。
3. 把全部材料放入煲内，加开水适量，盖好，以小火炖2小时，加盐调味即可食用。

汤品解说

当归有补血和血的作用，三七有止血散淤、消肿定痛的功效。故此汤对血虚头晕者、心绞痛患者有较好的食疗作用。

当归山楂汤

原料

当归、山楂………………………………各15 克
红枣……………………………………………10 颗

做法

1. 将红枣泡发，洗净；山楂、当归洗净。
2. 将红枣、当归、山楂一起放入砂锅中。
3. 在砂锅内加1 500毫升水煮沸，再改小火煮1小时即可。

汤品解说

当归可活血止血，山楂健胃益脾，红枣补中益气。此汤具有行气活血、温里散寒的功效，能有效改善胸闷心痛等症。

改善消化不良的消食导滞汤

消化不良是由胃动力障碍所引起的病症，也包括蠕动不好的胃轻瘫和食道反流。其病在胃，涉及肝、脾等脏器，需以健脾和胃、疏肝理气、消食导滞等法治疗。消化不良如今已经成为常见的高发病，本章为大家提供一些对症汤品。

茯苓芝麻瘦肉汤

原料

猪瘦肉……………………………………400 克

茯苓……………………………………… 20 克

菊花、白芝麻、盐、鸡精各适量

做法

1. 将猪瘦肉洗净，切块，汆去血水。
2. 茯苓洗净，切片；菊花、白芝麻洗净。
3. 将猪瘦肉、茯苓、菊花放入炖锅中，加入适量清水炖2小时，加入盐和鸡精，撒上白芝麻关火即可。

胡萝卜炖牛肉

原料

酱牛肉…………………………………… 250 克

胡萝卜……………………………………100 克

香葱、高汤、盐各适量

做法

1. 将酱牛肉洗净、切块；胡萝卜去皮、洗净、切块备用；香葱洗净切末。
2. 净锅上火倒入高汤，放入酱牛肉、胡萝卜煲至熟，调入香葱末和盐即可食用。

家常牛肉煲

原料

酱牛肉……………………………………200 克

西红柿……………………………………150 克

土豆………………………………………100 克

香葱末、高汤、盐各适量

做法

1. 将酱牛肉、西红柿、土豆洗净，均切块。
2. 净锅上火倒入高汤，放入酱牛肉、西红柿、土豆，调入盐煲至熟，撒入香葱末即可食用。

山药白术羊肚汤

原料

羊肚……250克
枸杞……15克
红枣……8颗
山药、白术……各10克
盐、鸡精各适量

做法

1. 将羊肚洗净切块，汆水；山药洗净，去皮切块；白术洗净切段；红枣、枸杞洗净，浸泡。
2. 锅中烧水，放入所有的材料，加盖炖2小时，调入盐和鸡精即可。

薏米板栗瘦肉汤

原料

瘦肉……200克
板栗……100克
薏米……60克
高汤、盐、味精各适量

做法

1. 瘦肉洗净切丁，汆水；板栗、薏米洗净。
2. 净锅上火倒入高汤，加入瘦肉、板栗、薏米，再调入盐、味精煲熟即可。

薏米鸡肉汤

原料

鸡肉……200克
山药……50克
薏米……20克
油菜叶、枸杞、盐适量

做法

1. 将鸡肉洗净，切块，汆水；山药去皮，洗净切块；薏米淘洗净，泡至软。
2. 汤锅上火倒入水，放入鸡块、山药、薏米，调入盐煲熟，放上油菜叶、枸杞摆盘即可。

莲子土鸡汤

原料

土鸡……………………………………………300 克

莲子……………………………………………30 克

姜、盐、鸡精、味精各适量

做法

1. 将土鸡剁成块洗净，入沸水中焯去血水；莲子洗净，泡发；姜洗净切片。
2. 将土鸡块、姜片、莲子一起放入炖盅内，加适量开水；把炖盅放入锅中，炖蒸2个小时；加入盐、鸡精、味精调味即可。

汤品解说

鸡肉能温中益气、补精添髓、益五脏、强筋骨，莲子可固精止带、补脾止泻、益肾养心。此汤有补虚损、健脾胃的功效。

莲子山药甜汤

原料

银耳……………………………………………100 克

莲子、百合……………………………………各10 克

红枣……………………………………………6 颗

山药、冰糖、桂圆肉各适量

做法

1. 将银耳洗净，泡开；红枣洗净，用刀划开。
2. 将银耳、莲子、百合、红枣同时入锅煮约20分钟；待莲子、银耳煮软，将已去皮切块的山药和桂圆肉放入一起煮；加冰糖调味即可。

汤品解说

莲子可健脾养心，山药可益肾涩精，红枣可补心补血，百合、银耳可滋阴润肺。几者配伍使用，对食欲不振者有较好的食疗效果。

胡椒猪肚汤

原料

猪肚……1个
红枣……5颗
胡椒……15克
盐、淀粉适量

做法

1. 将猪肚先用盐、淀粉搓洗，再用清水漂洗干净。
2. 将洗净的猪肚入沸水中氽烫，刮去白膜后捞出，再将胡椒放入猪肚中，以线缝合。
3. 将猪肚放入砂煲中，加入红枣，再加入适量清水，以大火煮沸后改小火煲2小时，猪肚拆去线后，加盐调味即可。

汤品解说

胡椒可暖胃健脾，猪肚有健脾益气、开胃消食的效果。两者合用可增强食欲，此汤可改善厌食症状。

山楂麦芽猪腱汤

原料

猪腱、山楂、麦芽、盐、鸡精各适量

做法

1. 将山楂洗净，切开去核；麦芽洗净；猪腱洗净，切块。
2. 锅上水烧沸，将猪腱氽去血水，再将其取出洗净。
3. 瓦煲内注水，用大火烧沸，下猪腱、麦芽、山楂，改小火煲2.5小时后，加盐、鸡精调味即可。

汤品解说

山楂可消食健胃、行气散淤，麦芽能行气消食、健脾开胃。此汤有调和脾胃、消食化积的功效，可改善脾虚腹胀、饮食积滞等症。

黄豆猪蹄汤

原料

猪蹄……………………………………………半只

黄豆…………………………………………45 克

枸杞、盐各适量

做法

1. 将猪蹄洗净、切块、汆水；黄豆用温水浸泡40分钟。
2. 净锅上火倒入水，调入盐，放入猪蹄、黄豆、枸杞煲60分钟，即可食用。

腐竹猪肚汤

原料

熟猪肚…………………………………………100 克

水发腐竹 ……………………………………… 50 克

姜、味精、香油、盐各适量

做法

1. 将熟猪肚切成丝；水发腐竹洗净、切成丝；姜洗净切末。
2. 净锅上火倒入油，将姜末炝香，放入猪肚、水发腐竹煸炒，倒入水，调入盐、味精烧沸，淋入香油，即可食用。

猪肚黄芪枸杞汤

原料

猪肚……………………………………………300 克

黄芪、枸杞……………………………………各10 克

姜、盐、淀粉、鸡精各适量

做法

1. 将猪肚用盐、淀粉搓洗干净，切小块；黄芪、枸杞用清水冲洗干净；姜洗净，去皮切片。
2. 锅中注入水烧沸，放入猪肚，汆至收缩后取出，用冷水浸洗。
3. 将所有食材放入砂煲内，加适量清水以大火煮沸后转小火煲2小时，调入盐、鸡精即可。

山药猪胰汤

原料

猪胰……………………………………………200 克
山药……………………………………………100 克
红枣……………………………………………10 颗
葱、姜、盐、味精各适量

做法

① 将猪胰洗净切块；山药洗净去皮切块；红枣洗净去核；姜洗净切片；葱洗净切段。
② 锅上火加水烧沸，下猪胰稍煮，沥水。
③ 将猪胰、山药、红枣、姜片、葱段放入瓦煲内，加水煲2小时，调入盐、味精即可。

山药枸杞老鸭汤

原料

老鸭……………………………………………300 克
山药……………………………………………20 克
枸杞……………………………………………15 克
盐、鸡精各适量

做法

① 将老鸭洗净，切块，汆水；山药洗净，去皮，切块；枸杞洗净，浸泡。
② 锅中注水，烧沸后放入老鸭肉、山药、枸杞，以小火炖2小时；调入盐、鸡精，待汤色变浓后起锅，即可食用。

西红柿土豆猪骨汤

原料

猪脊骨…………………………………………300 克
西红柿、土豆……………………………各35 克
盐适量

做法

① 将猪脊骨洗净、汆水；西红柿、土豆洗净均切小块。
② 净锅上火倒入水，调入盐，下猪脊骨、西红柿、土豆，煲45分钟，即可食用。

西红柿牛肉炖白菜

原料

牛肉……200 克
西红柿、白菜……各150 克
盐、料酒各适量

做法

❶将牛肉洗净，切成块；西红柿洗净，切成块；白菜洗净，切大块。
❷将牛肉下锅，加水盖过肉，炖开，撇去浮沫，加料酒。
❸待牛肉炖至八九成烂时，将西红柿、白菜放入一起炖，最后加盐调味，再炖一下即可。

胡萝卜荸荠煲猪骨肉

原料

荸荠……100 克
胡萝卜块……80 克
猪骨肉……300 克
姜片、高汤、盐、味精、胡椒粉、料酒各适量

做法

❶猪骨肉斩块洗净；荸荠洗净。
❷锅中加水烧沸，入猪骨肉焯烫，捞出沥水。
❸将高汤倒入煲中，加入上述材料煲1小时，调入盐、味精、胡椒粉、料酒即可。

玉米桂圆煲猪胰

原料

玉米……50 克
鸡爪……1 个
猪胰……70 克
桂圆肉、姜、盐、鸡精各适量

做法

❶玉米洗净切小块；鸡爪洗净；猪胰洗净切块；桂圆肉洗净；姜洗净切片。
❷将猪胰、鸡爪入开水中汆去血水后捞出。
❸砂煲内加水烧沸，加入以上材料，以大火烧沸后改小火煲煮1.5小时，调入盐、鸡精。

山药鱼头汤

原料

鲢鱼头……400克
山药……100克
枸杞……10克
葱、姜、香菜、盐、鸡精各适量

做法

1. 将鲢鱼头洗净剁成块；山药浸泡洗净备用；枸杞洗净；葱洗净切段；姜洗净切片。
2. 净锅上火倒入油、葱段、姜片爆香，下入鱼头略煎，加水，下入山药、枸杞煲至成熟，调入盐、鸡精，撒上香菜即可。

玉米胡萝卜脊骨汤

原料

猪脊骨……100克
玉米、胡萝卜、盐各适量

做法

1. 将猪脊骨洗净，剁成段；玉米、胡萝卜均洗净，切段。
2. 锅入水烧沸，滚尽猪脊骨上的血水后捞出，清洗干净。
3. 将猪脊骨、玉米、胡萝卜放入瓦煲，注入适量水用大火烧沸，再改小火煲炖1.5小时，加盐调味即可。

白菜黑枣牛百叶汤

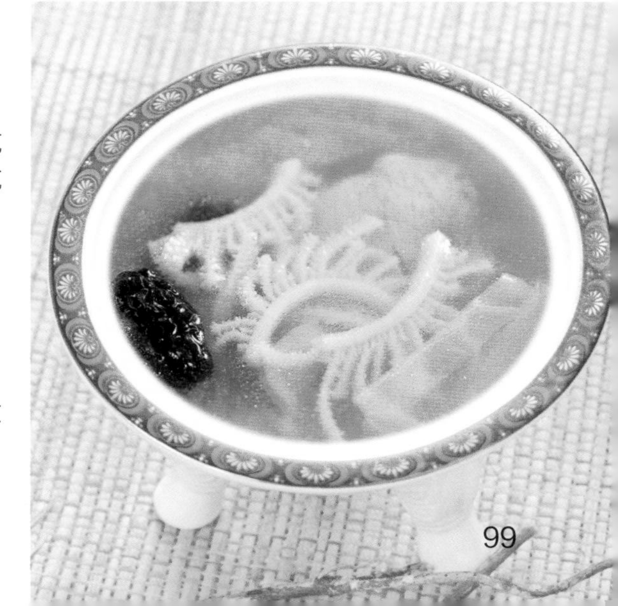

原料

牛百叶……500克
猪瘦肉、白菜……各150克
黑枣、盐、味精各适量

做法

1. 白菜洗净，梗、叶切开；猪瘦肉洗净切片，加盐稍腌；牛百叶洗净切梳形，汆水。
2. 白菜梗、黑枣放入清水锅内，以大火煮沸，改小火煲1小时，放入白菜叶煲20分钟；放入肉片及牛百叶煮熟，调入盐和味精即可。

山楂瘦肉汤

原料

菜花……………………………………200克
土豆……………………………………150克
瘦肉……………………………………100克
山楂、神曲、白芍……………………各10克
盐、黑胡椒粉各适量

做法

1. 将山楂、神曲、白芍煎汁备用。
2. 菜花掰成小朵；土豆切小块；瘦肉切小丁。
3. 把食材放入锅中，倒入药汁煮至土豆变软，加盐、黑胡椒粉，再次煮沸后关火即可。

汤品解说

山楂可健胃消食，神曲可理气化湿，土豆和菜花能改善肠胃功能。此汤能减少胃肠负担，适合食欲不振、腹胀消化不良的患者食用。

牡蛎白萝卜鸡蛋汤

原料

牡蛎肉…………………………………500克
白萝卜…………………………………100克
鸡蛋……………………………………1个
葱末、盐各适量

做法

1. 将牡蛎肉洗净，白萝卜洗净切丝，鸡蛋打入盛器搅匀备用。
2. 汤锅上火倒入水，下入牡蛎肉、白萝卜烧沸，调入盐，淋入鸡蛋液煮熟，撒上葱末即可。

汤品解说

牡蛎能宁心安神、益胃生津，白萝卜可下气消食、利尿通便。此汤具有暖胃散寒、消食化积、补虚损的功效，适合冬季食用。

猪肚煲米豆

原料

米豆……………………………………………50克
猪肚……………………………………………150克
姜、盐各适量

做法

1. 将猪肚洗净切成条状。
2. 将米豆洗净，泡发；姜切丝。
3. 锅中加油烧热，下入猪肚条、姜丝稍炒后，注入适量清水，再加入米豆煲至开花，调入盐即可。

汤品解说

米豆、猪肚均有健脾和胃的功效，米豆中所含的木质素可抑制肿瘤生长。此汤对脾胃虚弱以及癌症患者有很好的食疗作用。

豆蔻陈皮鲫鱼羹

原料

鲫鱼……………………………………………1条
豆蔻、陈皮、葱段、盐各适量

做法

1. 将鲫鱼宰杀收拾干净，斩成两段后放入热油锅煎香；豆蔻、陈皮均洗净。
2. 锅置火上，倒入适量清水，放入鲫鱼，待水烧沸后加入豆蔻、陈皮煲至汤汁呈乳白色。
3. 加入葱段继续熬煮20分钟，调入盐即可。

汤品解说

豆蔻可行气除胀、宽中止呕，陈皮能行气消食，鲫鱼可益气健脾、益胃止呕。三者同用，对胃肠蠕动功能缓慢的症状有疗效。

山楂二皮汤

原料

山楂……………………………………20克
柚子皮…………………………………15克
陈皮……………………………………10克
红枣……………………………………5颗
白糖适量

山楂：健脾开胃、消食化滞

做法

1. 将山楂洗净，切片。
2. 将陈皮、柚子皮均洗净，切块。
3. 锅内加水适量，放入山楂片、陈皮、柚子皮、红枣，以小火煮沸15~20分钟，去渣取汁，调入白糖即成。

汤品解说

山楂既可活血化淤，又可行气消食，对气滞血淤引起的痛经、腹胀有很好的疗效；陈皮、柚子皮均具有行气止痛的功效，对肝郁气滞型痛经有很好的疗效。此汤可改善经期腹痛、口苦胸闷、食积腹胀等症状。

冬瓜薏米鸭汤

原料

冬瓜……………………………………………200 克
鸭子………………………………………………1 只
红枣、薏米………………………………… 各10 克
姜、盐、鸡精、胡椒粉、香油各适量

做法

1. 将冬瓜、鸭子、红枣、薏米、姜分别洗净；冬瓜去皮切块，鸭子收拾干净剁块，姜切片。
2. 油锅内爆香姜片，加水烧沸，下鸭块汆烫后捞起。
3. 将所有材料放入砂锅，加适量水煲至熟，加盐、鸡精、胡椒粉、香油调味即可。

汤品解说

冬瓜可健脾化湿、利水消肿，鸭肉大补虚劳，薏米健脾利尿。故此汤对脾虚湿盛引起的食欲不振、腹胀、便稀等症有较好的食疗效果。

金针海参鸡汤

原料

海参……………………………………………200 克
鸡腿………………………………………………1 个
干金针菇、黄芪、枸杞、红枣…………各10 克
当归………………………………………………15 克
盐适量

做法

1. 将当归、黄芪、枸杞、红枣洗净，煎取汤汁备用；干金针菇洗净泡软；海参、鸡腿洗净切块。
2. 将海参、鸡腿分别用热水汆烫，捞起。
3. 将干金针菇、海参、鸡腿、枸杞、红枣一起放入锅中，加入药汁、盐煮熟即可。

汤品解说

海参可提高记忆力，黄芪能提高机体免疫功能，当归润燥滑肠，枸杞滋阴润肺。此汤有疏肝和胃、健脾补肾的功效。

黄芪炖生鱼

原料

生鱼……………………………………1 条
枸杞、黄芪……………………………各5 克
红枣……………………………………10 克
盐、胡椒粉各适量

做法

1. 将生鱼宰杀，去内脏，洗净，斩成两段；红枣、枸杞泡发；黄芪洗净。
2. 锅中加油烧至七成热，下鱼段稍炸后，捞出沥油。
3. 再将鱼、枸杞、红枣、黄芪一起装入炖盅中，加适量清水炖30分钟，加入盐、胡椒粉调味即可。

汤品解说

黄芪、生鱼益气健脾，枸杞补益肝肾，红枣益气补血。四味合用，对脾胃虚弱引起的食欲不振、神疲乏力、内脏下垂等均有疗效。

大肠枸杞核桃仁汤

原料

核桃仁…………………………………35 克
枸杞……………………………………10 克
猪大肠…………………………………250 克
葱、姜、盐各适量

做法

1. 将猪大肠洗净，切块，汆水。
2. 将核桃仁、枸杞用温水洗干净备用；葱、姜洗净切丝。
3. 净锅上火倒入油，将葱丝、姜丝爆香，放入猪大肠煸炒，倒入水，调入盐，烧沸后放入核桃仁、枸杞，以小火煲至熟即可。

汤品解说

核桃仁补脑健体，枸杞补气养血，与猪大肠配伍，有补脾固肾、润肠通便的功效。此汤可改善因脾肾气虚所致的习惯性便秘。

白芍山药鸡汤

原料

莲子、山药……各50克
鸡肉……40克
白芍……10克
枸杞……5克
盐适量

做法

1. 将山药去皮，洗净切块；莲子、白芍及枸杞洗净。
2. 将鸡肉洗净，入沸水中氽去血水。
3. 锅中加入适量水，将山药、白芍、莲子、鸡肉放入；水沸后转中火煮至鸡肉熟烂，加枸杞，调入盐即可食用。

汤品解说

莲子滋阴润燥，白芍补血养血、平抑肝阳。此汤有补气健脾、敛阴止痛的功效，适合脾胃气虚型胃痛、消化性溃疡等患者食用。

山药麦芽鸡汤

原料

鸡肉……200克
山药、麦芽、神曲、盐、鸡精各适量

做法

1. 鸡肉洗净，切块，氽水；山药洗净，去皮，切块；麦芽洗净，浸泡。
2. 锅中放入鸡肉、山药、麦芽、神曲，加入清水，加盖以小火慢炖。
3. 1小时后揭盖，调入盐和鸡精稍煮，出锅即可。

汤品解说

鸡肉能温中补脾、益气养血、补肾益精；麦芽能行气消食、健脾开胃，有助于改善食积不消、脘腹胀痛、脾虚食少；山药可补脾养胃、生津益肺、补肾涩精。故本品可用于脾胃气虚所致的神疲乏力、食欲不振、食积腹胀等症。

山药银杏炖乳鸽

原料

山药、银杏……………………………………各50 克
枸杞………………………………………………15 克
乳鸽………………………………………………1 只
香菇………………………………………………40 克
清汤、葱段、姜片、料酒、盐各适量

做法

1. 将乳鸽洗净，剁块。
2. 山药洗净切成小滚刀块，与乳鸽块一起焯水；香菇泡发洗净；银杏、枸杞洗净。
3. 清汤置锅中，放入所有材料及调味料，上火蒸约2小时，去葱段、姜片即成。

汤品解说

山药药食两用，银杏可抑菌杀菌，香菇能提高抵抗力，枸杞滋阴润肺。此汤具有补气健脾、滋阴固肾、平衡阴阳的功效。

灵芝肉片汤

原料

党参………………………………………………10 克
灵芝………………………………………………12 克
猪瘦肉……………………………………………150 克
葱末、姜片、盐、香油、香菜、枸杞各适量

做法

1. 将猪瘦肉洗净、切片；党参、灵芝洗净，用温水略泡备用。
2. 净锅上火倒油，将葱末、姜片爆香，放入肉片煸炒，倒入水烧沸。
3. 放入党参、灵芝，调入盐煲至熟，淋入香油，放香菜、枸杞摆盘即可。

汤品解说

党参可补中益气、健脾益肺，灵芝能补气安神、止咳平喘。此汤具有益气安神、健脾养胃的功效，可用于气虚导致的无力、积食等症。

改善心悸失眠的安神补脑汤

心悸、失眠在如今的上班族中越来越普遍，往往二者并见，也常与头晕、头痛、耳鸣、健忘等症相互夹杂，每因情绪波动或劳累过度而发作。失眠患者由于晚上没有休息好，往往导致白天精神不振、工作效率低、紧张易怒、抑郁、烦闷等，如果长期失眠甚至会导致未老先衰，引发自主神经紊乱。本章为读者介绍一些安神补脑的养生汤。

双仁菠菜猪肝汤

原料

猪肝……200 克
菠菜……2 棵
酸枣仁、柏子仁……各10 克
盐适量

做法

❶将酸枣仁、柏子仁装在棉布袋里，扎紧口。
❷将猪肝洗净切片；菠菜去头，洗净切段；将布袋入锅加4碗水熬药汤，熬至约剩3碗水。
❸猪肝汆烫捞起，和菠菜一起放入药汤中，待水一沸腾即熄火，加盐调味即成。

汤品解说

菠菜和猪肝均富含铁，是理想的补血佳品；酸枣仁、柏子仁有养心安神的功效。此汤对失眠多梦者有较好的食疗作用。

猪肝炖五味子

原料

猪肝……180 克
五味子……15 克
红枣……2 颗
姜、盐、鸡精、枸杞各适量

做法

❶将猪肝洗净切片；五味子、红枣、枸杞洗净；姜去皮，洗净切片。
❷锅中注水烧沸，加入猪肝汆去血沫。
❸炖盅装水，放入猪肝、五味子、红枣、姜片、枸杞炖3小时，调入盐、鸡精即可。

汤品解说

五味子可滋肾温精、养心安神，与猪肝同食，有养血安神的作用。此汤对心血亏虚引起的失眠多梦、头晕目眩等症有很好的疗效。

银杏莲子乌鸡汤

原料

银杏……30克

莲子……50克

乌鸡腿……1个

盐适量

做法

❶ 乌鸡腿洗净剁块，汆烫；莲子洗净。

❷ 将乌鸡腿放入锅中，加水至盖过材料，以大火煮开，转小火煮20分钟。

❸ 加入莲子，续煮15分钟，再加入银杏煮开，最后加盐调味即可食用。

莲子芡实猪尾汤

原料

猪尾……100克

芡实、莲子、盐各适量

做法

❶ 将猪尾洗净、剁成段；芡实洗净；莲子去皮、心，洗净。

❷ 热锅注水烧沸，放入猪尾汆烫，捞起洗净。

❸ 把猪尾、芡实、莲子放入炖盅，注入清水以大火烧沸，再改小火煲煮2小时，加盐调味即可。

核桃仁牛肉汤

原料

核桃仁……100克

牛肉……200克

腰果……50克

盐、鸡精、香葱末各适量

做法

❶ 将牛肉洗净，切块，汆水。

❷ 核桃仁、腰果洗净。

❸ 汤锅上火倒入水，放入牛肉、核桃仁、腰果，调入盐、鸡精煲至熟，最后撒入香葱末即可食用。

灵芝红枣瘦肉汤

原料

猪瘦肉……300克
灵芝……6克
红枣、盐、香油各适量

做法

1. 将猪瘦肉洗净，切片；灵芝、红枣洗净。
2. 净锅上火倒入水，下入猪瘦肉烧沸，捞去浮沫。
3. 下灵芝、红枣，转小火煲煮2小时，最后调入盐、香油即可。

汤品解说

灵芝可益气补心、补肺止咳，红枣补气养血，猪肉健脾补虚。三者同用，能调理心脾功能，改善贫血、心悸等症状。

远志菖蒲鸡心汤

原料

鸡心……300克
胡萝卜……1根
远志、菖蒲……各15克
葱、盐各适量

做法

1. 将远志、菖蒲一同装入棉布袋内。
2. 将鸡心汆烫后捞起；葱洗净，切成段。
3. 胡萝卜削皮洗净，切片，与棉布袋一起下锅，加4碗水煮汤；以中火滚沸至剩3碗水，再加入鸡心煮沸，下入葱段、盐调味即成。

汤品解说

远志安神益智、祛痰消肿，菖蒲开窍醒神、化湿和胃。二者合用能滋补心脏、安神益智，改善失眠多梦、健忘惊悸、神志恍惚等症。

百合莲子排骨汤

原料

排骨……500 克
莲子、百合……各50 克
枸杞、米酒、盐、味精各适量

莲子：养阴润肺、清心安神

做法

1. 将排骨洗净，斩块，放入沸水中汆烫一下，去掉血水，捞出备用。
2. 将莲子和百合一起洗净，莲子去心，百合掰成瓣。
3. 将所有的材料一同放入锅中炖煮至排骨完全熟烂；起锅前加入枸杞、米酒、盐和味精调味即可。

汤品解说

百合、莲子均具有清心泻火、安神解郁的功效，枸杞养血益气，米酒养血疏肝。以上几味合用，对产后抑郁或烦躁不安、心悸心慌、失眠多梦等症有很好的改善作用。

党参当归炖猪心

原料

党参……20克
当归……15克
鲜猪心……1个
葱、姜、盐、料酒各适量

做法

❶将猪心剖开，去掉猪心里的血水、血块。
❷将党参、当归洗净，再一起放入猪心内，可用竹签固定。
❸将猪心撒上葱、姜、料酒，再放入锅中，隔水炖熟；去除药渣，加盐调味即可。

汤品解说

猪心可改善心悸、失眠、健忘等症状，当归补血活血，党参益气健脾。三者合用，对心脾两虚导致的心悸怔忡有一定的食疗效果。

麦枣桂圆汤

原料

浮小麦……25克
红枣……5颗
桂圆肉……10克

做法

❶将红枣用温水稍浸泡；浮小麦洗净。
❷将浮小麦、红枣、桂圆肉同入锅中，加水煮汤即可。

汤品解说

浮小麦可除虚热，红枣益气补血，桂圆健脾和中。故此汤有养心安神、敛汗固表的功效，可有效改善潮热盗汗、心烦失眠、心悸等症。

丹参三七炖鸡

原料

乌鸡……………………………………………1只
丹参………………………………………30克
三七………………………………………10克
姜丝、盐各适量

做法

1. 乌鸡洗净切块；丹参、三七洗净。
2. 三七、丹参装入纱布袋中，扎紧袋口。
3. 布袋与乌鸡块同放于砂锅中，加600毫升清水，烧沸后加入姜丝，小火炖1小时，加盐调味即可。

汤品解说

丹参活血祛淤、安神宁心，三七止血散淤，乌鸡滋阴补肾、养血添精。三者合用可改善身体虚弱、心律失常、心烦失眠、心悸等症。

莲子排骨汤

原料

鲜莲子……………………………………15克
排骨………………………………………200克
巴戟天……………………………………5克
姜、盐、味精各适量

做法

1. 将莲子泡发去心；排骨洗净，剁成小段；姜洗净，切成小片；巴戟天洗净，切成小段。
2. 锅中加水烧沸，下排骨汆水后捞出。
3. 将排骨、莲子、巴戟天、姜片一同放入汤煲，加适量水，以大火烧沸后改小火炖45分钟，加盐、味精调味即可。

汤品解说

莲子养心安神、健脾宁心，排骨补脾润肠、补中益气，巴戟天可补肾阳、壮筋骨。三者合用，对失眠多梦、心律失常者有食疗作用。

百合绿豆凉薯汤

原料

百合……………………………………………150 克
绿豆……………………………………………300 克
凉薯……………………………………………1 个
瘦肉……………………………………………1 块
盐、味精、鸡精各适量

做法

❶将百合泡发；瘦肉洗净，切块。
❷将凉薯洗净，去皮，切成大块；绿豆洗净。
❸将所有材料放入煲中，以大火煲开再转小火煲15分钟，加入盐、味精、鸡精调味即可。

百合乌鸡汤

原料

乌鸡……………………………………………1 只
百合……………………………………………30 克
大米、葱、姜、盐各适量

做法

❶将乌鸡洗净斩块；百合洗净；姜洗净切片，葱洗净切段；大米淘洗干净。
❷将乌鸡块放入锅中汆水，捞出洗净。
❸锅中加适量清水，下入乌鸡块、百合、姜片、大米炖煮2小时，下入葱段，加盐调味即可。

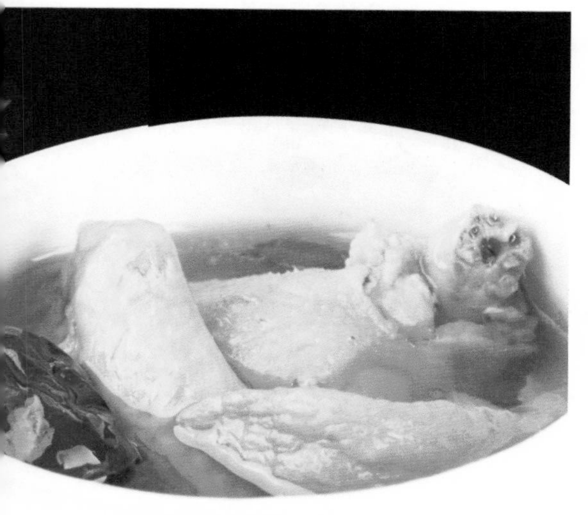

天麻乳鸽汤

原料

乳鸽……………………………………………1 只
天麻……………………………………………10 克
枸杞、红枣、盐、料酒、味精、胡椒各适量

做法

❶将天麻洗净后切片；枸杞、红枣洗净。
❷乳鸽放血，50℃水去毛、内脏、足爪，剁块，再焯去血水；把鸽块放盅内，天麻片放鸽块上，加入清水、枸杞、红枣，用保鲜膜蒙口；上笼先以大火煮沸，再用中火蒸至鸽软，加料酒、味精、胡椒粉调味即成。

莲子茯神猪心汤

原料

猪心……………………………………………1个
莲子…………………………………………20克
茯神…………………………………………25克
葱、盐各适量

做法

❶将猪心洗净，汆去血水；葱洗净切段。
❷莲子、茯神洗净后入锅注水烧沸。
❸把猪心、莲子、茯神放入炖盅，注入清水，以小火煲煮2小时，加葱段和盐调味即可。

汤品解说

莲子能养心安神，茯神有安神定志、开心益智的功效。此汤可补血养心、安神助眠，对改善心悸、失眠多梦等症有很好的疗效。

灵芝红枣兔肉汤

原料

红枣…………………………………………10颗
灵芝…………………………………………6克
兔肉…………………………………………250克
盐适量

做法

❶将红枣浸软，去核，洗净；灵芝洗净，用清水浸泡2小时，取出切小块。
❷将兔肉洗净，切小块，汆水。
❸将全部材料放入砂煲内，加适量清水，以大火煮沸后，改小火煲2小时，调入盐即可。

汤品解说

灵芝可补心益气，红枣滋阴养血，兔肉补中益气。几者配伍有补肝益肾、养心安神的功效，可有效改善心悸失眠、气血亏虚等症。

莲子百合汤

原料

百合……20 克
莲子……50 克
黑豆……300 克
鲜椰汁、冰糖各适量

做法

1. 将莲子用开水浸半小时，再煲煮15分钟，倒出冲洗；百合泡浸，洗净；黑豆洗净，用开水浸泡1小时。
2. 锅中加水烧沸后下黑豆，用大火煲半小时，下莲子、百合，转中火煲45分钟，再改小火煲1小时。
3. 下冰糖，待溶，加鲜椰汁即可。

汤品解说

莲子和百合均有养阴清心、宁心安神的功效，黑豆补肾益阴。此汤可改善心肺阴虚内热证，还有养心安神、美白养颜的功效。

香蕉莲子汤

原料

香蕉……2 根
莲子……30 克
蜂蜜适量

做法

1. 将莲子去心，洗净，泡发备用；香蕉去皮，切块备用。
2. 先将莲子放入锅中，加水适量，煮至熟烂后，放入香蕉，稍煮片刻即可关火。
3. 待汤稍微冷却后放入蜂蜜搅拌即可食用。

汤品解说

莲子可养心安神，香蕉能润肠通便。故此汤对心火旺盛所致的失眠、便秘等症均有改善作用，尤其适宜有此症状的老年人经常食用。

玉竹炖猪心

原料

猪心……500克
玉竹……10克
葱段、姜片、盐、卤汁、白糖、香油各适量

玉竹：养阴润燥、除烦止渴

做法

❶将玉竹洗净，切成节，用水浸泡。
❷将猪心剖开洗净，与葱段、姜片同置锅内，用中火煮到猪心六成熟时捞出晾凉。
❸将上述材料放入卤汁锅内，用小火煮熟后捞起；猪心切片后与玉竹一起放入碗内，在锅内加卤汁适量，再放入盐、白糖和香油加热成浓汁，将浓汁淋在猪心上即可。

汤品解说

玉竹可养阴润燥、除烦止渴，猪心能增强心肌、营养心肌。此汤有安神宁心、养阴生津的功效，能够有效改善睡眠质量。此外，对心悸、热病伤阴、虚热燥咳、心脏病、糖尿病等患者也有食疗作用。

灵芝猪心汤

原料

灵芝……………………………………………20 克
猪心……………………………………………1 个
姜、盐、香油各适量

做法

❶ 将猪心剖开，洗净，切片；姜切片；灵芝去柄，洗净切碎；上述材料一起放于瓷碗中。
❷ 碗中加入盐和300毫升清水。
❸ 将瓷碗放入锅内盖好，隔水蒸至熟烂，淋入香油即可。

汤品解说

灵芝可补养气血、益心安神，与猪心配伍，具有益气养心、健脾安神的功效，对心律失常、气短乏力、心悸等症有食疗作用。

人参糯米鸡汤

原料

人参……………………………………………8 克
鸡腿……………………………………………1 只
糯米……………………………………………20 克
红枣、盐适量

做法

❶ 将糯米淘洗干净，用清水泡1小时，沥干；人参洗净，切片；红枣洗净；鸡腿剁块，洗净，汆烫后捞起，再冲净。
❷ 将糯米、鸡块和人参片、红枣一起盛入炖锅，加水适量，以大火煮开后转小火炖至肉熟米烂，加盐调味即可。

汤品解说

人参能补气固脱、安神益智，红枣补气养血，糯米温暖脾胃、补益中气。此汤有敛汗固表、安神助眠的功效。

消除烦闷的理气调中汤

胸闷、恶心、呃逆的症状，都是气运行不畅造成的。引发这些症状的原因很多，像寒暖失调、忧思郁怒、痰饮、湿浊、淤阻、外伤，以及饮食不节等，都能影响人体气机的运行。本章为大家介绍一些具有理气调中功效的汤品。

柴胡莲子牛蛙汤

原料

柴胡、香附……………………………………各10 克
莲子……………………………………………150 克
甘草、陈皮……………………………………各3 克
牛蛙……………………………………………2 只
盐适量

做法

1. 将柴胡、香附、陈皮、甘草略冲洗，装入棉布袋，扎紧。
2. 将莲子洗净，与棉布袋一同放入锅中，加水1 200毫升，以大火煮开，再转用小火煮30分钟。
3. 将牛蛙洗净，剁块，放入汤内煮熟，捞出棉布袋，加盐调味即可食用。

汤品解说

柴胡和解表里，香附理气解郁，莲子清心益气。此汤具有疏肝除烦、行气宽胸的效果，可缓解肝郁气滞引起的胸胁胀满、疼痛等症。

红花煮鸡蛋

原料

红花……………………………………………30 克
鸡蛋……………………………………………2 个
盐适量

做法

1. 将红花洗净加水煎煮。
2. 往红花中打入鸡蛋煮至蛋熟。
3. 蛋熟后加入盐，继续煮片刻便可。

汤品解说

红花有通经化淤、散湿祛肿的功效，此汤营养丰富，能活血祛淤、理气止痛，对淤血阻滞型冠心病患者有较好的食疗作用。

当归郁金猪蹄汤

原料

当归……10克
郁金……15克
猪蹄……250克
红枣……5颗
姜、盐各适量

做法

1. 将猪蹄刮去毛，然后洗净，在沸水中煮2分钟捞出，过冷水后斩块备用。
2. 当归、郁金洗净，姜洗净拍裂，和猪蹄、红枣一起放入锅内，加清水没过所有材料，以大火浇沸后转成小火煮2~3小时。
3. 待猪蹄熟烂后加入适量盐调味即可。

汤品解说

郁金可行气解郁、凉血破淤，当归能补血活血，红枣清热润肺。此汤具有理气活血、疏肝解郁的功效。

山药白芍排骨汤

原料

白芍、蒺藜……各10克
山药……300克
排骨……250克
红枣……10颗
盐适量

做法

1. 将白芍、蒺藜装入棉布袋系紧；山药洗净、切块；红枣用清水泡软；排骨斩块，冲洗后入沸水中汆烫捞起。
2. 将排骨、山药、红枣和棉布袋放入锅中，加1 800毫升水，以大火烧沸后转小火炖40分钟，加盐调味即可。

汤品解说

白芍能补血滋阴、柔肝止痛，山药益气健脾，蒺藜可平肝解郁、活血祛风。几者配伍，具有养肝健脾、解毒防疹、行气解郁的功效。

雪梨银耳瘦肉汤

原料

雪梨、猪瘦肉……各500 克

银耳……20 克

红枣……11 颗

盐适量

做法

❶ 将雪梨去皮洗净，切成块状；猪瘦肉洗净，入开水中汆烫后捞出。

❷ 银耳浸泡，去除根蒂硬部，撕成小朵，洗净；红枣洗净。

❸ 将1 600毫升清水放入瓦煲内，煮沸后加入全部原料，以大火煲沸后，改用小火煲2小时，最后加盐调味即可。

汤品解说

雪梨和银耳均有养阴润肺、生津润肠、降火清心的功效。故此汤对秋季的肺燥咳嗽、心烦等症有较好改善作用。

佛手瓜白芍瘦肉汤

原料

佛手瓜……200 克

白芍……20 克

猪瘦肉……400 克

红枣……5颗

盐适量

做法

❶ 佛手瓜洗净，切片，焯水。

❷ 白芍、红枣洗净；猪瘦肉洗净，切片飞水。

❸ 将清水800毫升放入瓦煲内，煮沸后加入以上用料，大火煮滚后，改用小火煲2小时，加盐调味即可。

汤品解说

佛手瓜舒肝解郁、活血化淤，白芍可补血、柔肝、止痛。故此汤理气和中，对肝血不足、心神失养的抑郁患者大有益处。

白芍炖冬瓜

原料

白芍……………………………………………5 克
冬瓜…………………………………………100 克
姜、米醋各适量

做法

1. 冬瓜洗净，切块；姜洗净，切片；白芍洗净。
2. 将冬瓜、姜、白芍一同放入砂锅。
3. 加米醋和水，用小火炖至冬瓜熟即可。

汤品解说

白芍柔肝补血，冬瓜清热化痰、除烦止渴。故此汤有补气益血、解郁调中、消积止痛的功效，可辅助治疗上消化道溃疡、抑郁、厌食等症。

虫草红枣炖甲鱼

原料

冬虫夏草 ……………………………………2 克
红枣………………………………………10 颗
甲鱼 ………………………………………1 只
葱、姜、蒜、鸡汤、料酒、盐各适量

做法

1. 将甲鱼洗净切块；冬虫夏草洗净；红枣洗净泡发；葱洗净切丝；姜洗净切末。
2. 将甲鱼块放入锅内煮沸，然后捞出。
3. 甲鱼放入砂锅中，放入冬虫夏草、红枣，加料酒、盐、葱丝、姜末、蒜瓣、鸡汤，炖2小时即成。

汤品解说

冬虫夏草能补虚损、益精气，甲鱼可滋阴补肾、清热消淤，红枣益气养血。几者配伍，有解肝郁、安心神的功效。

香附豆腐泥鳅汤

原料

泥鳅……300 克
豆腐……200 克
香附……10 克
红枣……15 克
香菜、高汤、盐、味精各适量

做法

❶ 将泥鳅处理干净；豆腐切块；红枣洗净；香附煎汁备用。
❷ 锅上火倒入高汤，加入泥鳅、豆腐、红枣煲至熟，倒入香附汁，调入香菜、盐、味精即可。

胡萝卜红枣猪肝汤

原料

猪肝……200 克
胡萝卜……300 克
红枣、盐、料酒各适量

做法

❶ 将胡萝卜洗净，去皮切块，放油略炒后盛出；红枣洗净；猪肝洗净切片，用盐、料酒腌渍，放油略炒后盛出。
❷ 把胡萝卜、红枣放入锅内，加清水，以大火煮沸后改小火煲至胡萝卜熟软，放猪肝再煲沸，加盐调味。

玉竹百合牛蛙汤

原料

牛蛙……200 克
玉竹……50 克
百合……100 克
枸杞、高汤、盐各适量

做法

❶ 将牛蛙洗净、斩块，入沸水中汆一下；百合、枸杞、玉竹洗净，浸泡。
❷ 净锅上火倒入高汤，下入牛蛙、玉竹、枸杞、百合，调入盐，煲至熟即可。

丝瓜猪肝汤

原料

山药……50克
丝瓜……250克
熟猪肝……75克
高汤、盐各适量

做法

1. 将丝瓜洗净切片；熟猪肝切片备用；山药洗净，去皮切片。
2. 净锅上火倒入高汤，下入熟猪肝、丝瓜、山药煲至熟；加盐调味即可。

汤品解说

丝瓜能除热利肠、生津止渴，猪肝能补肝明目，山药补脾养胃。此汤营养丰富，有疏肝除烦、养肝补血、清热解毒的功效。

参杞鸽子汤

原料

花旗参……20克
枸杞……10克
鸽子……500克
葱、料酒、盐各适量

做法

1. 将鸽子去毛、去内脏，洗净；葱洗净切段；花旗参洗净，去皮切片；枸杞洗净备用。
2. 砂锅中注水加热至沸，放入鸽子、葱段、料酒转小火炖90分钟。
3. 放入花旗参、枸杞再炖20分钟，加入盐调味即可。

汤品解说

花旗参可益肺阴、清虚火、生津止渴，鸽肉补益气血、滋阴益肾。此汤有疏肝除烦、益气生津、滋阴明目的功效。

决明子苋菜汤

原料

决明子……20 克

鸡肝……2 副

苋菜……250 克

盐适量

做法

1. 苋菜剥取嫩叶和嫩梗，洗净沥干；鸡肝洗净，切片，汆烫去血水后捞起。
2. 决明子装入纱布袋扎紧，放入煮锅中，加入1 200毫升清水熬成汁，捞出药袋。
3. 加入苋菜，煮沸后下鸡肝片，再煮沸一次，加盐调味即可。

汤品解说

决明子能清肝明目，鸡肝可护肝养血，苋菜可清热泻火。三者同食，有疏肝除烦、清热明目、润肠通便的功效。

莲子蒸雪蛤

原料

莲子……30 克

红枣……25 克

雪蛤……200 克

椰汁……50 毫升

淡奶、白糖、冰糖各适量

做法

1. 将雪蛤、莲子洗净泡发；红枣洗净；将清水、白糖放入容器中，加入雪蛤蒸5分钟，装碗，下莲子、红枣。
2. 锅上火加水，下椰汁、淡奶、冰糖烧沸，盛入装碗的雪蛤中，蒸10分钟取出即可。

汤品解说

雪蛤能补肾益精、养阴润肺，莲子补中养神、止泻固精，红枣安神益气。故此汤具有清热除烦、养心安神的功效。

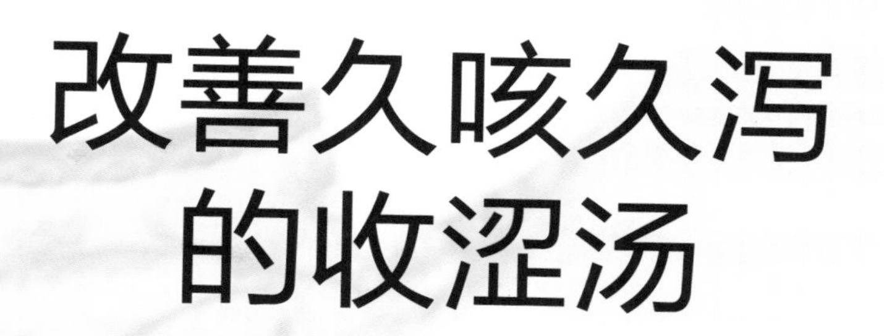

改善久咳久泻的收涩汤

久咳虚喘、久泻久痢均属于中医里的“滑脱”的范畴，如不及时救治，可引起患者元气日衰，或变生他症。本章介绍的几十款汤品，均具有一定的收涩功效，或可敛汗、止泻、固精、缩小便，或可止带、止血、止嗽等。正如《本草纲目》所说：“脱则散而不收，故用酸涩之药，以敛其耗散。”

川贝母炖豆腐

原料

豆腐……………………………………300克
川贝母…………………………………25克
蒲公英…………………………………20克
冰糖适量

做法

① 将川贝母打碎或研成粗米状；冰糖打粉碎；蒲公英洗净，煎取药汁。
② 豆腐放炖盅内，上放川贝母、冰糖，加药汁，盖好隔水小火炖约1小时。

汤品解说

川贝母具有清热化痰、润肺止咳、散结消肿的功效，蒲公英清热解毒、利尿散结。故此汤对久咳不愈者有较好的食疗效果。

参麦五味乌鸡汤

原料

人参片…………………………………15克
麦冬……………………………………25克
五味子…………………………………10克
乌鸡腿…………………………………1只
盐适量

做法

① 将鸡腿洗净剁块，入沸水汆去血水，备用；人参片、麦冬、五味子洗净。
② 将乌鸡腿及所有药材放入煮锅中，加适量水直至盖过所有的材料。
③ 以大火煮沸后转小火续煮30分钟左右，快熟前加盐调味，即可食用。

汤品解说

人参片大补元气、生津止渴，麦冬养阴生津、润肺清心，五味子敛肺滋肾、收汗涩精。故此汤对肺虚咳嗽有较好的疗效。

沙参猪肚汤

原料

猪肚……………………………………………半个
北沙参…………………………………………25 克
莲子……………………………………………200 克
茯苓……………………………………………100 克
盐适量

做法

❶ 猪肚汆烫，切块；莲子、北沙参、茯苓洗净。
❷ 将除莲子外的其他材料盛入煮锅，加水煮沸转小火慢炖约30分钟，再加入莲子，待猪肚熟烂，加盐调味即可。

葛根荷叶牛蛙汤

原料

牛蛙……………………………………………250 克
鲜葛根…………………………………………120 克
荷叶……………………………………………15 克
盐、味精各适量

做法

❶ 将牛蛙洗净，切小块；葛根去皮，洗净切块；荷叶洗净，切丝。
❷ 把全部用料一起放入煲内，加清水适量，以大火煮沸，再转小火煮1小时；加盐、味精调味即可。

补骨脂芡实鸭汤

原料

补骨脂…………………………………………15 克
芡实……………………………………………50 克
鸭肉……………………………………………300 克
盐适量

做法

❶ 将鸭肉洗净，放入沸水中汆去血水。
❷ 芡实、补骨脂分别洗净，与鸭肉一起盛入锅中，加水盖过所有的材料。
❸ 用大火将汤煮沸，再转小火续炖约30分钟，快煮熟时加盐调味即可。

苋菜头猪大肠汤

原料

猪大肠……………………………………200 克
苋菜头……………………………………100 克
枸杞、姜、盐各适量

做法

① 将猪大肠洗净切段；苋菜头、枸杞分别洗净；姜洗净切片。
② 锅注水烧沸，下猪大肠汆透。
③ 将猪大肠、姜片、枸杞、苋菜头一起放入炖盅内，注入清水，以大火烧沸后再用小火煲2.5小时，加盐调味即可。

汤品解说

苋菜清热利湿、凉血止血，猪大肠清热止痢。两者合用可辅助治疗下痢脓血，适合急慢性肠炎患者、痢疾患者食用。

蛤蚧鹌鹑汤

原料

蛤蚧……………………………………1 个
鹌鹑……………………………………1 只
姜、盐、味精各适量

做法

① 将蛤蚧洗净，用温水浸软，去皮，切小块。
② 将鹌鹑宰杀，去毛、内脏，洗净；姜洗净，切片。
③ 将全部材料放入砂煲内，加适量清水，以大火煮沸后，改小火煲90分钟，加盐、味精调味即可。

汤品解说

蛤蚧可补肺气、益精血、定喘止嗽，与鹌鹑同食，有补肾壮阳、益精固涩的功效。故此汤对治疗肺痨咳嗽、淋沥有较好的效果。

蒜肚汤

原料

芡实、山药……各50 克
猪肚……1 000 克
蒜、姜、盐各适量

做法

1. 将猪肚去脂膜，洗净，切块。
2. 芡实洗净，备用；山药去皮，洗净切片；蒜去皮，洗净；姜洗净，切片。
3. 将所有材料放入锅内，加水煮2小时，至蒜被煮烂、猪肚熟，加盐调味即可。

汤品解说

蒜能解毒杀虫、消肿止痛、止泻止痢，芡实健脾止泻、涩肠抗菌。故此汤能有效改善饮食不洁引起的细菌性腹泻、大便次数增多等。

肉桂茴香炖鹌鹑

原料

鹌鹑……3 只
肉桂、胡椒……各10 克
小茴香……20 克
杏仁……15 克
盐适量

做法

1. 将鹌鹑去毛、内脏、脚爪，洗净；肉桂、小茴香、胡椒、杏仁均洗净备用。
2. 鹌鹑放入煲中，加适量水，煮开，再加入肉桂、杏仁以小火炖2小时。
3. 最后加入小茴香、胡椒，焖煮10分钟，加盐调味即可。

汤品解说

小茴香能散寒止痛、理气和中，杏仁止咳平喘、润肠通便。此汤有温经散寒、补益肾阳的效果，对受寒引起的腹泻有较好的食疗效果。

海螵蛸鱿鱼汤

原料

鱿鱼……100 克
补骨脂……30 克
桑螵蛸……10 克
海螵蛸……50 克
红枣……5 颗
葱丝、姜丝、盐、味精各适量

补骨脂：补肾壮阳、补脾健胃

做法

1. 将鱿鱼泡发，洗净，切丝；海螵蛸、桑螵蛸、补骨脂、红枣均洗净。
2. 将海螵蛸、桑螵蛸、补骨脂共同水煎取汁，去渣。
3. 锅中放入鱿鱼、红枣，同煮至鱿鱼熟后，再加盐、味精、葱丝、姜丝等调味即可。

汤品解说

鱿鱼与红枣均有养胃补虚的功效，补骨脂补肾壮阳、补脾健胃，桑螵蛸可温肾止泻，海螵蛸能收敛止血、涩精止带。几者搭配具有温肾益气、固涩止遗的功效，可改善因肾虚所导致的精液不固、夜尿频多等症。

芡实莲子薏米汤

原料

芡实、薏米、干品莲子……………… 各100克
山药、茯苓……………………………各30克
猪小肠…………………………………500克
盐、米酒各适量

做法

1. 将猪小肠洗净，汆烫后捞出，剪成小段。
2. 将芡实、薏米、莲子、茯苓、山药洗净，与猪小肠同放入锅中，加水至盖过所有材料。
3. 然后用大火煮沸，再用小火炖煮约30分钟左右，快熟时加入盐调味，淋上米酒即可。

猪肝炖五味子五加皮

原料

猪肝……………………………………180克
五加皮、五味子……………………… 各15克
红枣…………………………………… 2颗
姜、盐、鸡精各适量

做法

1. 将猪肝洗净切片；五味子、五加皮洗净；姜去皮，洗净切片。
2. 锅中注水烧沸，入猪肝汆去血沫；炖盅装水，放入猪肝、五味子、五加皮、红枣、姜炖3小时，调入盐、鸡精后即可食用。

五味子羊腰汤

原料

羊腰……………………………………500克
杜仲……………………………………15克
五味子………………………………… 6克
葱、蒜、盐、淀粉各适量

做法

1. 将杜仲、五味子洗净，放入锅中，加水煎取药汁；葱洗净切末；蒜洗净切末。
2. 羊腰洗净，切小块，用淀粉、药汁裹匀。
3. 烧热油锅，放入羊腰爆炒，熟后再放入药汁、葱末、蒜末、盐稍炖即可。

菊花桔梗雪梨汤

原料

菊花……………………………………5 朵
桔梗……………………………………10 克
雪梨……………………………………1 个
冰糖适量

做法

1. 将菊花、桔梗洗净，加1 200毫升水煮开，转小火继续煮10分钟，去渣留汁，加入冰糖搅匀后，盛出待凉。
2. 雪梨洗净削皮，将梨肉切丁。
3. 将切丁的梨肉加入已凉的甘菊水即可。

汤品解说

菊花护肝明目、清热祛火，桔梗宣肺利咽、祛痰排脓，与雪梨搭配，可开宣肺气、清热解毒，能辅助治疗秋燥咳嗽、咽喉肿痛等症。

紫苏叶砂仁鲫鱼汤

原料

紫苏叶、砂仁………………………各10 克
枸杞叶…………………………………500 克
鲫鱼……………………………………1 条
橘皮、姜片、盐、香油各适量

做法

1. 将紫苏叶、枸杞叶洗净切段；鲫鱼收拾干净；砂仁洗净，装入棉布袋中封口。
2. 将紫苏叶、枸杞叶、鲫鱼、橘皮、姜片和药袋一同放入锅中，加水煮熟。
3. 捞出药袋，加盐，淋香油即可。

汤品解说

紫苏叶温胃散寒，砂仁化湿止呕，鲫鱼健脾利水。故此汤有化湿止呕的功效，尤其适合脾胃虚寒、厌食呕吐、便稀腹泻的老年人食用。

莲子芡实薏米牛肚汤

原料

牛肚……250 克
莲子……50 克
芡实……30 克
薏米……20 克
红枣……5 颗
盐适量

芡实：固肾涩精、补脾止泄

做法

1. 将牛肚加盐搓洗，再用清水冲干净，切块；莲子、芡实、薏米、红枣均洗净。
2. 将牛肚、莲子、芡实、薏米、红枣放入汤煲内，倒入适量清水，用大火煮沸后转小火煲熟，调入盐即可。

汤品解说

芡实能固肾涩精、补脾止泻，牛肚可补益脾胃、补气养血、补虚益精，莲子清心祛火，薏米除燥利湿，红枣补中益气。几者配伍，营养丰富，补而不燥，对因脾肾两虚而引起的腹泻、腹痛等症有改善作用。

霸王花猪肺汤

原料

霸王花（干品）……50 克
猪肺……750 克
红枣……3 颗
南北杏……10 克
姜片、盐各适量

做法

1. 将霸王花浸泡1小时，洗净；红枣洗净。
2. 猪肺注水，挤压，反复多次，直至血水去尽，猪肺变白，切成块状，汆水；烧锅放姜片，将猪肺干爆5分钟左右。
3. 将2 000毫升清水放入瓦煲内，煮沸后加入霸王花、猪肺、红枣、南北杏，以大火煲沸后，改用小火煲3小时，加盐调味即可。

汤品解说

霸王花性凉味甘，有滋阴清热的功效；猪肺性平味甘，可润肺止咳。二者搭配，能有效改善因秋燥导致的咳嗽等症。

北杏党参老鸭汤

原料

老鸭……300 克
北杏……20 克
党参……15 克
盐、鸡精各适量

做法

1. 将老鸭收拾干净，切块，汆水；北杏洗净，浸泡；党参洗净，切段，浸泡。
2. 锅中放入老鸭肉、北杏、党参，加入适量清水，以大火烧沸后转小火慢炖2小时。
3. 调入盐和鸡精，稍炖，关火出锅即可。

汤品解说

党参补中益气、健脾益肺，北杏宣降肺气、止咳平喘。此汤有敛肺止咳、预防感冒的功效，适合体质虚弱及肺虚咳嗽的患者食用。

冬虫夏草炖乳鸽

原料

乳鸽……………………………………………1只
冬虫夏草……………………………………2克
五花肉…………………………………………20克
红枣、蜜枣…………………………………各5颗
姜、盐、鸡精各适量

做法

1. 将五花肉洗净，切成条；乳鸽洗净；红枣、蜜枣泡发；姜去皮，切片。
2. 将除盐、鸡精外的原料装入炖盅内。
3. 加入适量清水，以中火炖1小时，最后调入盐、鸡精即可。

汤品解说

冬虫夏草能补肺益肾、止咳化痰，此汤营养丰富，具有补肾益肺、强身抗衰的功效，格外适合肺气虚弱、容易咳嗽的老年人食用。

川贝母蒸梨

原料

川贝母…………………………………………10克
水梨……………………………………………1个
冰糖适量

做法

1. 将水梨削皮去核与子，切块。
2. 将水梨与川贝母、冰糖一起盛入碗盅内，加水至七分满，隔水炖30分钟即可。

汤品解说

川贝母与水梨均能润肺、止咳、化痰。此汤美味香甜，有清热润肺、排毒养颜的效果，不仅能清肺止咳，还能滋润肌肤。

杜仲艾叶鸡蛋汤

原料

杜仲……………………………………………………25 克
艾叶……………………………………………………20 克
鸡蛋……………………………………………………2 个
姜丝、盐各适量

杜仲：补益肝肾、强筋壮骨

做法

1. 杜仲、艾叶分别用清水洗净。
2. 鸡蛋打入碗中，搅成蛋浆，再加入洗净的姜丝，放入油锅内煎成蛋饼，切成块。
3. 将以上材料放入煲内，加适量水，以大火煲沸，然后改用中火续煲2小时，加入盐调味即可。

汤品解说

杜仲可补肝肾、强腰膝，艾叶能温经散寒、暖宫止带。故此汤具有收涩效果，对阳虚宫寒引起的小腹冰凉、带下异常有很好的食疗作用。

旋覆乳鸽汤

原料

乳鸽……1只
旋覆花、沙参……各10克
山药……20克
盐适量

做法

1. 将乳鸽去毛并清理内脏，洗净切成小块。
2. 山药、沙参洗净，切片；旋覆花洗净；将山药、沙参、旋覆花放入药袋中，扎紧袋口。
3. 将乳鸽放入砂锅中，加入药袋、盐及适量清水，用小火炖30分钟至肉烂，取出药袋，吃肉喝汤。

汤品解说

沙参清热养阴、润肺止咳，旋覆花补中下气、平喘镇咳。故此汤有健脾益胃的功效，能改善久咳引起的体虚、食欲不振等症。

太子参炖瘦肉

原料

太子参、桑白皮……各10克
无花果……60克
猪瘦肉……25克
盐、味精各适量

做法

1. 将太子参、桑白皮略洗；无花果洗净备用；猪瘦肉洗干净，切片。
2. 把太子参、桑白皮、无花果、猪瘦肉放入炖盅内，加入适量开水，盖好，炖约2小时，加入盐、味精调味即可食用。

汤品解说

太子参补益脾肺、益气生津，桑白皮降压利尿、抗炎抗菌，无花果健胃清肠、消肿解毒。故此汤有补肺气、清肺热、定喘息的功效。

杏仁菜胆猪肺汤

原料

菜胆……………………………………50 克
杏仁……………………………………20 克
猪肺……………………………………750 克
黑枣……………………………………5 颗
盐适量

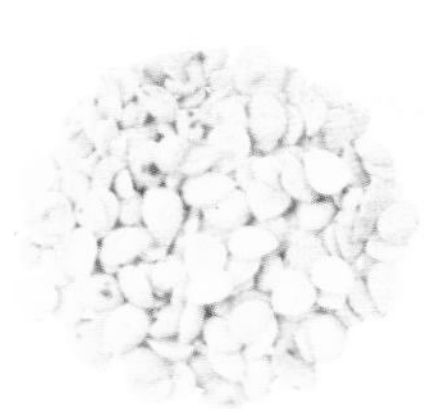

杏仁：润肺止咳、润肠通便

做法

1. 将杏仁洗净，用温水浸泡，去皮、尖；黑枣、菜胆洗净；猪肺注水、挤压，反复多次，至血水去尽、猪肺变白，切成块状，汆烫。
2. 起油锅，将猪肺爆炒5分钟左右。
3. 将2 000毫升清水放入瓦煲内，煮沸后加入菜胆、杏仁、猪肺、黑枣，以大火煲开后，改用小火煲3小时，加盐调味即可。

汤品解说

杏仁有止咳平喘、润肠通便的功效，猪肺可补肺润燥、止血止咳，黑枣能增强免疫力。故此汤对治疗肺虚咳嗽有较好的辅助作用。

太子参鸡肉盅

原料

太子参……………………………………………30克
红枣………………………………………………25克
山药、胡萝卜……………………………各50克
鸡胸肉…………………………………………200克
枸杞、盐适量

做法

1. 将太子参、红枣洗净后，装入棉布袋，加入1 500毫升水一起用大火煮沸，再转小火熬煮40分钟，取汤汁；枸杞洗净。
2. 鸡胸肉、胡萝卜、山药洗净后剁成泥，加入盐搅拌均匀，用手捏成球状，放入小盅内，倒入备好的汤汁至七分满，并放入枸杞。
3. 将鸡肉盅用大火蒸约15分钟即可。

汤品解说

太子参补益脾肺、益气生津，山药和胡萝卜均可助消化、止泻补脾。此汤有益气健脾、敛汗固表、利水消肿的功效。

乌梅银耳鲤鱼汤

原料

乌梅……………………………………………6颗
银耳…………………………………………100克
鲤鱼…………………………………………300克
姜、盐、香菜各适量

做法

1. 将香菜洗净；姜洗净切片；鲤鱼洗净；煎锅置灶，放油少许，放入姜片，煎至香味出来后，再放入鲤鱼，煎至两面金黄。
2. 将银耳泡发洗净，切成小朵，同鲤鱼一起放入炖锅，加水适量。
3. 加入乌梅，以中火煲1小时，等汤色转为奶色，再加盐调味，最后撒香菜提味即可。

汤品解说

乌梅敛肺涩肠、生津安蛔，银耳润肠益胃、补气和血，与鲤鱼同食，有敛汗固表、消肿祛湿的功效，对久痢久泻者有较好的食疗效果。

核桃仁山药蛤蚧汤

原料

核桃仁、山药……各30克
蛤蚧……1只
猪瘦肉……200克
红枣……3颗
盐适量

核桃仁：固精强腰、温肺定喘、润肠通便

做法

①将核桃仁、山药洗净，浸泡；猪瘦肉、红枣洗净；猪瘦肉切块。
②将蛤蚧除去竹片，刮去鳞片，洗净，浸泡。
③将2 000毫升清水放入瓦煲内，水沸后加入核桃仁、山药、蛤蚧、猪瘦肉、红枣，以大火煲沸后，改用小火煲3小时，加盐调味即可。

汤品解说

核桃仁能补肾温肺、润肠通便；山药药食两用，可补脾养胃、生津益肺；蛤蚧温中益肾、补肺止咳；红枣清心润肺。与猪瘦肉配伍同食，有滋阴补阳、益肺固肾、定喘纳气的功效，故此汤可改善肺虚引起的久咳不愈等。

防治常见病的食疗汤

所谓“常见病”，就是一些在居家生活中发病率较高的小毛病。虽说是小毛病，但是也免不了受罪。本章介绍的几十款汤品就像是您居家常备的良药，不仅可以治病，而且还能享受食物的美味，真正做到“寓医于食”。

柴胡秋梨汤

原料

柴胡……………………………………………20 克
秋梨……………………………………………1 个
红糖适量

做法

❶将柴胡、秋梨洗净，把秋梨切成块。
❷把柴胡、秋梨放入锅内，加入1 200毫升清水，先用大火煮沸，再改小火煎15分钟。
❸滤去渣，加红糖调味即可。

汤品解说

柴胡有和解表里、疏肝升阳的功效，秋梨可降低血压、养阴清热。此汤有发散风热、滋阴润燥的作用，适宜风热型流感患者改善症状。

马齿苋杏仁瘦肉汤

原料

鲜马齿苋 ……………………………………100 克
杏仁……………………………………………50 克
猪瘦肉…………………………………………150 克
板蓝根、盐各适量

做法

❶将鲜马齿苋择嫩枝洗净；猪瘦肉洗净，切块；杏仁、板蓝根洗净。
❷将鲜马齿苋、杏仁、板蓝根、猪瘦肉放入锅内，加适量清水。
❸大火煮沸后，改小火煲2小时，板蓝根取出丢弃，用盐调味即可食用。

汤品解说

马齿苋可清热解毒、散血消肿，板蓝根可凉血消斑、利咽止痛，杏仁可抗炎抑菌。此汤适合流感、急性结膜炎等病毒性传染病患者食用。

甘草蛤蜊汤

原料

蛤蜊……500克

陈皮、桔梗、甘草……各5克

姜片、盐各适量

做法

1. 将蛤蜊以少许盐水泡至完全吐沙。
2. 锅内加适量水，将陈皮、桔梗、甘草洗净后放入锅内，煮沸后改小火续煮约25分钟。
3. 再放入蛤蜊，煮至蛤蜊张开，加入姜片及盐调味即可。

汤品解说

甘草能清热解毒、祛痰止咳，陈皮可理气健脾、燥湿化痰。此汤有开宣肺气、滋阴润肺的功效，常食可增强体质、预防感冒。

川芎白芷鱼头汤

原料

川芎、白芷……各10克

鱼头……1个

红枣、姜、盐各适量

做法

1. 将鱼头洗净，去鳃；起油锅，下鱼头煎至微黄，取出备用；川芎、白芷、红枣洗净；姜洗净切片。
2. 把川芎、白芷、姜片、鱼头、红枣一起放入炖锅内，加适量开水，炖锅加盖，小火隔水炖2小时；加盐调味即可。

汤品解说

川芎可活血化淤、行气止痛，白芷可祛病除湿、排脓生肌。故此汤可缓解恶寒发热、无汗、头痛身重、咳嗽、吐白痰、小便清等感冒症状。

黄芪山药鱼汤

原料

黄芪……15 克
山药……20 克
鲫鱼……1 条
姜、葱、盐各适量

做法

1. 将鲫鱼去鳞、内脏，洗净，在鱼两侧各划一刀备用；葱、姜洗净切丝。
2. 将黄芪、山药放入锅中，加适量水煮沸，然后转小火熬煮约15分钟后再转中火，放入鲫鱼煮约10分钟。
3. 鱼熟后，最后放入姜、葱、盐调味即可。

汤品解说

鲫鱼可以益气健脾，黄芪可益气补虚，山药可补养肺气。三者搭配同食，可提高机体免疫力，对体虚反复感冒者有一定的食疗效果。

杏仁白萝卜炖猪肺

原料

猪肺……250 克
南杏仁……30 克
白萝卜……200 克
花菇……50 克
高汤、姜、盐、味精各适量

做法

1. 将猪肺反复冲洗干净，切成大块；南杏仁、花菇浸透洗净；白萝卜洗净，带皮切成中块；姜洗净切片。
2. 将猪肺、南杏仁、白萝卜、花菇和适量高汤、姜片放入炖盅，加盖隔水炖，先用大火炖30分钟，再用中火炖50分钟，后用小火炖1小时；炖好后加盐、味精调味即可。

汤品解说

此汤能敛肺定喘、止咳化痰、增强体质，适合反复感冒、久咳不愈者食用。

参芪炖牛肉

原料

党参、黄芪……各20克
牛肉……250克
葱、料酒、盐、香油、味精各适量

做法

1. 将牛肉洗净，切块；党参、黄芪、葱分别洗净；党参、葱切段。
2. 将党参、黄芪与牛肉同放于砂锅中，注入1 000毫升清水，以大火烧沸后，加入葱段和料酒，转小火慢炖，至牛肉酥烂，下盐、味精调味，淋香油即可。

汤品解说

党参、黄芪均有补气固表、益脾健胃的功效，牛肉可强健体魄、增强抵抗力。三者合用，对体质虚弱易感冒的患者有一定的补益效果。

杜仲板栗乳鸽汤

原料

乳鸽……400克
板栗……150克
杜仲……50克
盐适量

做法

1. 乳鸽切块；板栗入开水中煮5分钟，捞起后剥去壳。
2. 下乳鸽块入沸水中汆烫，捞起冲净后沥干。
3. 将鸽肉、板栗和杜仲放入锅中，加适量的水用大火煮开，再转小火慢煮30分钟，加盐调味即可。

汤品解说

杜仲有补肝肾、强筋骨等功效，鸽肉可益气养血，板栗可补益肾气。三者配伍同用，对肝肾亏虚引起的腰酸腰痛有很好的疗效。

鸡骨草煲猪肺

原料

猪肺……………………………………350 克
鸡骨草……………………………………30 克
红枣………………………………………8 颗
高汤、盐、味精各适量

猪肺：补虚、止咳、止血

做法

1. 将猪肺洗净切片；鸡骨草、红枣洗净。
2. 炒锅上火倒入水，下猪肺焯去血渍，捞出冲净。
3. 净锅上火，倒入高汤，再下猪肺、鸡骨草、红枣，以大火煮沸后转小火煲至熟，加盐、味精调味即可。

汤品解说

猪肺有止咳、止血的功效，对肺虚咳嗽、咯血等症有较好的食疗作用。故此汤清热解毒、润肺止咳，可辅助治疗慢性支气管炎。

半夏桔梗薏米汤

原料

半夏……15 克
桔梗……10 克
薏米……50 克
冰糖适量

做法

1. 将半夏、桔梗用水略冲。
2. 将半夏、桔梗、薏米一起放入锅中，加水 1 000毫升煮至薏米熟烂。
3. 加入冰糖调味即可。

汤品解说

半夏能温化寒痰，桔梗可上浮保肺气。此汤有燥湿化痰、理气止咳的功效，适合痰湿蕴肺型的慢性支气管炎患者食用。

红枣花生汤

原料

红枣……20 颗
花生米……100 克
红糖适量

做法

1. 花生米略煮一下放冷，去皮后与泡发的红枣一同放入煮花生米的水中。
2. 加适量冷水，用小火煮半小时左右。
3. 加入红糖，待糖溶化后，收汁即可。

汤品解说

红枣养心益肾，花生米补脾止泄。此汤对脾胃失调、乳汁缺乏、风寒感冒、脘腹冷痛、月经不调、喘嗽烦热等症均有一定的食疗效果。

柚子炖鸡

原料

柚子……………………………………………1个
公鸡……………………………………………1只
葱段、姜片、盐、味精、料酒各适量

柚子：止咳平喘、清热化痰、健脾消食

做法

❶ 公鸡去皮毛、内脏，洗净，斩块；柚子洗净，去皮，留肉。
❷ 将柚子肉、鸡块放入砂锅中，加入葱段、姜片、料酒、盐、适量水。
❸ 将盛鸡块的砂锅置于有水的锅内，隔水炖熟，加味精调味即可。

汤品解说

柚子有助于下气消食、化痰生津、降低血脂等功效，鸡肉能温中益气、补精添髓。此汤健胃下气、化痰止咳，适合慢性咽炎患者食用，还对感冒引起的鼻塞、咳嗽等症有一定的食疗效果。

绞股蓝墨鱼瘦肉汤

原料

绞股蓝……………………………………………8 克
墨鱼……………………………………………150 克
瘦肉……………………………………………300 克
黑豆……………………………………………50 克
盐、鸡精各适量

做法

1. 将瘦肉洗净，切块，汆水；墨鱼洗净，切段；黑豆洗净，用水浸泡；绞股蓝洗净，煎水备用。
2. 锅中放入瘦肉、墨鱼、黑豆，加入清水，炖2小时。
3. 放入绞股蓝汁续煮5分钟，加入盐、鸡精调味即可饮用。

汤品解说

绞股蓝可益气健脾、清热解毒，墨鱼养血通经、益肾滋阴、调经止带。此汤营养丰富，尤其适合气虚血亏的女性食用。

枸菊肝片汤

原料

枸杞……………………………………………10 克
菊花……………………………………………5 克
猪肝……………………………………………300 克
盐适量

做法

1. 将猪肝洗净，切片；煮锅加4碗水，放入枸杞以大火煮开，转小火续煮3分钟。
2. 放入肝片和菊花，水再沸后，加盐调味即可熄火起锅。

汤品解说

猪肝富含维生素B_2，枸杞富含β－胡萝卜素。二者搭配食用，能防止眼睛结膜角质化及水晶体老化，对视力有很好的保护作用。

桑杏菊花甜汤

原料

桑叶、菊花、枸杞……………………各10克
杏仁粉……………………………………50克
果冻粉……………………………………15克
白糖适量

做法

1. 将桑叶洗净，置入锅中，加水煎煮，滤取药汁。
2. 杏仁粉与果冻粉置入锅中，加入药汁，以小火加热并慢慢搅拌，沸腾后关火，倒入盒中待凉，移入冰箱冷藏、凝固成杏仁冻。
3. 菊花、枸杞洗净，放入清水锅中煮沸，加入白糖搅拌溶化；将凝固的杏仁冻切块，与备好的汤混合即可。

汤品解说

桑叶能降低血糖血脂，菊花能清肝明目，枸杞滋阴益气。此汤营养丰富、口感细腻，既能保护视力，还有美容功效。

苦瓜鸭肝汤

原料

决明子、女贞子、火腿………………各10克
鸭肝……………………………………200克
苦瓜……………………………………50克
高汤、酱油各适量

做法

1. 将鸭肝洗净，切块汆水；苦瓜洗净切块；火腿洗净，切块。
2. 将决明子、女贞子装入纱布袋，扎紧袋口。
3. 净锅上火倒入高汤，调入酱油，下入鸭肝、苦瓜、火腿、纱布袋煲至熟，捞起纱布袋丢弃，盛汤食用即可。

汤品解说

决明子能清肝火、祛风湿，女贞子可补肝肾阴，鸭肝补血排毒，苦瓜清心泻火。此汤有益肾明目、润肠通便的功效。

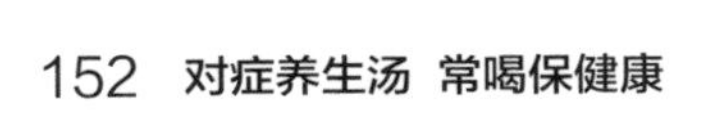

陈皮猪肝汤

原料

佛手、山楂、陈皮……………………………各10 克
丝瓜…………………………………………………30 克
猪肝、盐、香油、料酒各适量

做法

1. 将猪肝洗净、切片；佛手、山楂、陈皮洗净，加沸水浸泡1小时后去渣取汁。
2. 碗中放入猪肝片，加药汁、盐、料酒、丝瓜，隔水蒸熟。
3. 将猪肝取出，向碗中放少许香油调味服食，饮汤。

汤品解说

猪肝能调节和改善贫血患者造血系统的生理功能，丝瓜解毒消肿。此汤有清肝解郁、通经散淤的功效，常食可预防眼睛干涩、疲劳。

苍术瘦肉汤

原料

瘦肉…………………………………………………300 克
苍术、枸杞、五味子……………………………各10 克
盐、鸡精各适量

做法

1. 将瘦肉洗净，切块；苍术洗净，切片；枸杞、五味子分别洗净。
2. 锅内烧水，待水沸时，放入瘦肉去除血水。
3. 将瘦肉、苍术、枸杞、五味子放入汤锅中，加入清水，以大火烧沸后改小火炖2小时，调入盐和鸡精即可食用。

汤品解说

苍术可清肝明目，能有效降低眼压；枸杞、五味子均有补肝益肾、滋阴明目的效果。几者配伍食用，能有效保护视力。

枸杞牛蛙汤

原料

牛蛙……………………………………………2只
枸杞……………………………………………10克
姜、盐各适量

做法

1. 牛蛙洗净剁块，汆烫后捞出。
2. 姜洗净切丝；枸杞以清水泡软。
3. 锅中加1 500毫升水煮沸，放入牛蛙、枸杞、姜丝，煮沸后转中火续煮，待牛蛙肉熟嫩，加盐调味即可。

汤品解说

牛蛙肉有清热解毒、消肿止痛、补肾益精、养肺滋肾的功效，枸杞可滋肾润肺、补虚益精。此汤具有滋阴补虚、健脾益血、清肝明目的作用，对视物模糊有较好的改善疗效，常食可预防视力减退。

熟地当归鸡

原料

熟地……………………………………………25克
当归……………………………………………20克
白芍……………………………………………10克
鸡腿……………………………………………1只
盐适量

做法

❶ 将鸡腿洗净剁块，放入沸水汆烫，捞起冲净；熟地、当归、白芍分别用清水快速冲净。
❷ 将鸡腿和所有药材放入炖锅中，加清水适量，以大火煮开，转小火续炖30分钟；起锅后，加盐调味即可。

汤品解说

熟地滋阴补肾、补血生津，当归补血活血，白芍养肝血，鸡腿益气补虚。此汤有补肾养血的功效，适合肾阴虚型更年期综合征患者食用。

黄精黑豆塘鲺汤

原料

黑豆……………………………………………200克
黄精……………………………………………50克
塘鲺鱼…………………………………………1条
生地、陈皮、盐各适量

做法

❶ 将黑豆放入锅中，不必加油，炒至豆衣裂开，用水洗净，晾干。
❷ 塘鲺鱼洗净，去内脏；黄精、生地、陈皮分别用水洗净。
❸ 向锅中加入适量水，煲至水滚后放入全部材料，用中火煲至豆软熟，加入盐调味即可。

汤品解说

生地可凉血止血，黄精可滋阴补肾、养血补虚，黑豆补肾益气。此汤对肝肾阴虚导致的耳鸣有很好的补益作用。

黑木耳猪尾汤

原料

猪尾……………………………………………100 克
生地、黑木耳、盐各适量

做法

1. 将猪尾洗净，切成段；生地洗净，切成段；黑木耳泡发，洗净，撕小片。
2. 将净锅上水烧沸，放入猪尾汆透，捞起冲洗干净。
3. 将猪尾、黑木耳、生地放入炖盅，加入适量水，大火烧沸后改小火煲2小时，加盐调味即可。

汤品解说

猪尾能治疗咽喉肿痛，生地能清热凉血，黑木耳具有增强红细胞运氧功能的作用。此汤对耳鸣患者有很好的食疗效果。

龙胆草当归牛腩

原料

牛腩……………………………………………750 克
龙胆草、当归…………………………………各10 克
冬笋……………………………………………150 克
猪骨汤…………………………………………1 000 毫升
蒜、姜、料酒、白糖、酱油、味精、香油各适量

做法

1. 将牛腩洗净，下沸水中煮20分钟捞出，切成块；冬笋切块；蒜、姜洗净切末。
2. 锅内下油烧热，再下蒜末、姜末、牛腩、冬笋，加料酒、白糖、酱油翻炒10分钟。
3. 倒入猪骨汤加当归、龙胆草，用小火焖2小时至肉烂汁黏关火，调入味精淋上香油即成。

汤品解说

此汤能清泻肝火、活血化淤，对肝火旺盛引起的打鼾、呼吸气粗有一定效果。

菖蒲猪心汤

原料

菖蒲……8 克
丹参、远志……各10 克
猪心……1 个
当归、红枣、葱末、盐各适量

做法

1. 猪心洗净，去除血水，煮熟，捞出切片。
2. 将菖蒲、丹参、远志、当归、红枣置入锅中加水熬煮汤。
3. 将切好的猪心放入已熬好的汤中煮沸，加盐、葱末即可。

味噌海带汤

原料

味噌酱……12 克
海带芽……5 克
豆腐……55 克
酱油、盐适量

做法

1. 将豆腐洗净，切成小丁；将适量水放入锅中开大火，待水沸后将海带芽、味噌酱熬煮成汤头。
2. 待汤熬好后，再加入切成丁的豆腐。
3. 待水沸后加酱油、盐调味即可。

海带蛤蜊排骨汤

原料

海带结、排骨块……各200 克
蛤蜊……300 克
胡萝卜、姜、盐各适量

做法

1. 将蛤蜊泡入淡盐水，待其吐沙后洗净沥干。
2. 排骨氽烫去血水，捞出冲净；海带结洗净；胡萝卜削皮切块；姜洗净切片。
3. 将排骨、姜片、胡萝卜、海带结入锅中，加水煮沸，转小火炖约1小时，加入蛤蜊，煮至蛤蜊开口，加盐调味即可。

三七冬菇炖鸡

原料

三七……………………………………………12 克
冬菇…………………………………………… 30 克
鸡肉……………………………………………500 克
红枣……………………………………………15 颗
姜、蒜、盐各适量

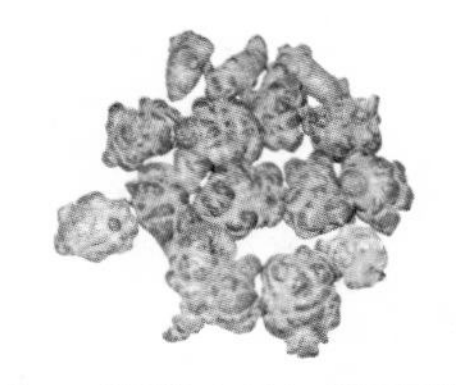

三七：散淤止痛、活血消肿

做法

1. 将三七洗净；冬菇洗净，以温水泡发；姜洗净切丝；蒜洗净剁泥。
2. 把鸡肉洗净，斩块；红枣洗净。
3. 将三七、冬菇、鸡肉、红枣放入砂煲中，加入姜丝、蒜泥，注入适量水，以小火炖至鸡肉烂熟，加盐调味即可。

汤品解说

三七能散淤止痛、活血消肿，冬菇能补肝肾、健脾胃、益气血，鸡肉能温中益气、补精添髓、益五脏、补虚损。此汤能有效缓解骨质增生引起的关节压痛、肢体麻木等症，常食可以增强体质。

香菜鱼片汤

原料

紫苏叶……………………………………………10 克
砂仁………………………………………………5 克
香菜……………………………………………50 克
鲫鱼肉…………………………………………100 克
姜、盐、酱油各适量

做法

❶ 将香菜洗净切碎；紫苏叶洗净，切丝；姜洗净切丝。
❷ 鱼肉洗净切薄片，用盐、姜丝、紫苏叶丝、酱油拌匀，腌渍10分钟。
❸ 锅内放水煮沸，放入腌渍的鱼片、砂仁，煮熟后加盐调味，放上香菜即可。

汤品解说

砂仁能够行气调味、和胃醒脾，紫苏叶与姜配伍，能化痰止咳。此汤具有发散风寒、温中暖胃的功效，适合冬季食用。

板蓝根丝瓜汤

原料

板蓝根…………………………………………20 克
丝瓜……………………………………………250 克
盐适量

做法

❶ 将板蓝根洗净；丝瓜洗净，连皮切片。
❷ 砂锅内加水适量，放入准备好的板蓝根、丝瓜片。
❸ 大火烧沸，再改用小火煮15分钟至熟，去渣，加入盐调味即可。

汤品解说

板蓝根具有清热解毒、除菌抗炎的功效，丝瓜可泻火明目。故此汤可用于改善流感、流行性结膜炎、粉刺、痱子等病症。

苦瓜败酱草瘦肉汤

原料

瘦肉……………………………………400 克
苦瓜……………………………………200 克
败酱草…………………………………100 克
盐、鸡精各适量

做法

1. 将瘦肉洗净，切块，汆去血水；苦瓜洗净，去瓤，切片；败酱草洗净，切段。
2. 锅中注水，烧沸后放入瘦肉、苦瓜慢炖。
3. 1小时后放入败酱草再炖30分钟，加入盐和鸡精调味即可。

汤品解说

败酱草具有清热解毒、利湿止痒、消炎止带的功效，苦瓜可清热泻火。二者合用，可有效治疗湿热引起的皮肤刺痛、阴道瘙痒等症。

菊花土茯苓汤

原料

土茯苓…………………………………30 克
野菊花…………………………………15 克
冰糖适量

做法

1. 将野菊花去杂洗净；土茯苓洗净，切成薄片。
2. 砂锅内加适量水，放入土茯苓片，以大火烧沸后改用小火煮10~15分钟。
3. 加冰糖、野菊花再煮3分钟，去渣即成。

汤品解说

菊花能祛风除湿、消肿止痛，土茯苓能开散降泄，常用于湿热疮毒。二者同用，有清热解毒的功效，对湿疹有很好的疗效。

薏米黄瓜汤

原料

薏米、土茯苓……各50克
黄瓜……1根
陈皮……8克
盐适量

做法

1. 将土茯苓、陈皮清洗干净，备用；黄瓜去皮，切片。
2. 将薏米、土茯苓、黄瓜、陈皮一起放入锅中，加1 000毫升水，以大火煮沸后转小火煲约1小时，再加盐调味即可。

汤品解说

薏米可健脾和中、利湿解毒，土茯苓有解毒、除湿、杀菌的功效，陈皮能理气健脾。此汤对治疗湿疹有较好的食疗作用。

藿香鲫鱼

原料

藿香……15克
鲫鱼……1条
盐适量

做法

1. 将鲫鱼宰杀剖好，洗净；藿香洗净。
2. 将鲫鱼和藿香放于碗中，加入盐调味，再放入锅内。
3. 清蒸至熟便可食用。

汤品解说

藿香有和中止呕、发表解暑的作用。故此汤能消热祛暑、利水渗湿，对受暑湿邪气而引起的头痛、恶心呕吐、口味酸臭等症有食疗作用。

莲藕绿豆汤

原料

杏仁……………………………………30 克
莲藕……………………………………150 克
绿豆……………………………………35 克
盐适量

做法

1. 将莲藕洗净去皮，切块；绿豆淘洗干净；杏仁洗净。
2. 净锅上火倒入水，下入莲藕、绿豆、杏仁煲至熟；加盐调味即可。

汤品解说

杏仁止咳平喘、润肠通便，绿豆能清凉解毒、利尿明目。故此汤有清热消暑、滋阴凉血的功效，夏季多食可预防中暑。

马齿苋白及鲤鱼汤

原料

白及……………………………………15 克
鲜马齿苋………………………………100 克
鲤鱼……………………………………1 条
蒜、盐各适量

做法

1. 将鲤鱼去鳞、鳃及内脏，洗净切成段；蒜去皮洗净；鲜马齿苋、白及洗净。
2. 鲤鱼与蒜片、白及、鲜马齿苋一同煮汤，待鱼肉熟后加盐调味，将白及、鲜马齿苋丢弃即可食用。

汤品解说

白及收敛止血、消肿生肌，马齿苋清热解毒、散血消肿，与蒜同食可解毒消肿、排脓止血，对细菌性痢疾有较好的食疗作用。

防治内科疾病的食疗汤

小到头晕头痛，大到高血压、高脂血症、糖尿病，这些都是令人头疼不已的常见内科疾病。本章集中介绍的这些汤品中，既有大蒜绿豆牛蛙汤、百合红豆甜汤等降压汤，又有对冠心病有一定疗效的菊花绿豆枸杞汤，等等。希望对广大受内科疾病困扰的患者能有所帮助。

鳗鱼枸杞汤

原料

鳗鱼……500 克
枸杞……15 克
料酒、盐各适量

做法

1. 将鳗鱼处理干净，切段，放入沸水中汆烫，捞出洗净，盛入炖盅，加水至漫过材料，撒进枸杞，加盖。
2. 移入锅中，隔水炖40分钟；加盐、料酒调味即可食用。

桔梗牛丸汤

原料

杏仁、木耳……各20 克
胡萝卜……50 克
牛肉……500 克
桔梗、玉竹、盐、味精、淀粉各适量

做法

1. 将玉竹、桔梗、杏仁洗净；牛肉洗净，剁馅，加淀粉搅匀；胡萝卜去皮，洗净切碎；木耳泡发洗净，撕成小朵。
2. 锅上火倒入高汤，下入肉馅汆成丸子，再下入其他材料，调入盐、味精煮熟即可。

胖大海雪梨汤

原料

胖大海……9 克
麦冬……10 克
桔梗……6 克
雪梨……2 个
白糖适量

做法

1. 胖大海、麦冬、桔梗洗净；雪梨洗净切块。
2. 将胖大海、桔梗、麦冬、雪梨加水后用大火蒸1小时，最后加入白糖即可。

红豆薏芡炖鹌鹑

原料

鹌鹑……………………………………………2 只
红豆……………………………………………25 克
薏米、芡实…………………………………各12 克
姜片、盐、味精各适量

做法

❶ 将鹌鹑洗净，去头、爪和内脏，斩成大块。
❷ 将红豆、薏米、芡实用热水浸透并洗净。
❸ 将所有用料放进炖盅，加适量沸水，把炖盅盖上，隔水炖至鹌鹑熟烂，加入盐、味精调味即可食用。

海底椰贝杏鹌鹑汤

原料

鹌鹑……………………………………………1 只
川贝、杏仁、红枣、枸杞、海底椰、盐各适量

做法

❶ 将鹌鹑洗净；川贝、杏仁均洗净；红枣、枸杞均洗净泡发；海底椰洗净，切薄片。
❷ 净锅上水烧沸，放入鹌鹑，煮尽血水，捞起洗净。
❸ 瓦煲内注适量水，放入全部材料，以大火烧沸，再改小火煲3小时，加盐调味即可食用。

金针菇凤丝汤

原料

鸡胸肉…………………………………………200 克
金针菇…………………………………………150 克
黄瓜……………………………………………20 克
枸杞、高汤、盐各适量

做法

❶ 将鸡胸肉洗净、切丝；金针菇洗净，切段；黄瓜洗净，切丝。
❷ 汤锅上火倒入高汤，调入盐，下鸡胸肉、金针菇煲至熟，撒入黄瓜丝、枸杞，即可食用。

金针麦冬鱼片汤

原料

麦冬……12克
金针菇……30克
鱼肉……100克
香菜、盐适量

做法

1. 将香菜洗净、切段；金针菇用水浸泡、洗净、切段；麦冬洗净备用。
2. 鱼肉洗净后，切成片。
3. 金针菇、麦冬加水煮沸后，再入鱼片煮5分钟，最后加香菜、盐调味即可食用。

苹果橘子煲排骨

原料

排骨……250克
苹果……100克
橘子……80克
百合……20克
高汤、盐各适量

做法

1. 将排骨斩块，洗净，汆水；苹果去皮，切块；橘子去皮，扒出瓤；百合洗净。
2. 锅上火，倒入高汤，下排骨、苹果、橘子、百合，再调入盐，煲熟，即可食用。

苹果雪梨煲牛腱

原料

南北杏……各25克
苹果、雪梨……各1个
牛腱……90克
红枣、姜、盐各适量

做法

1. 将苹果、雪梨洗净去皮切薄片；牛腱洗净切块，汆烫后捞起备用。
2. 南北杏、红枣和姜洗净，红枣去核。
3. 将上述材料加水，以大火煮沸后，再改小火煮1.5小时，最后加盐调味即可食用。

天麻红花猪脑汤

原料

天麻、山药……………………………………各10 克
红花…………………………………………………5 克
枸杞…………………………………………………6 克
猪脑………………………………………………100 克
料酒、盐各适量

红花：活血通经、散淤止痛

做法

❶将猪脑洗净，汆去腥味；山药、天麻、红花、枸杞洗净备用。

❷炖盅内加水，将所有材料放入电锅，加水半杯，煮至猪脑熟烂。

❸加料酒、盐调味即可食用。

汤品解说

天麻能息风定惊，红花可活血通经、祛淤止痛，猪脑能补骨髓、益虚劳、滋肾补脑。此汤具有益智补脑、活血化淤、平肝降压的功效，能改善头晕头痛、偏正头风、神经衰弱等症状，对脑梗患者有一定的食疗作用。

大蒜绿豆牛蛙汤

原料

牛蛙……………………………………………5只
绿豆……………………………………………40克
蒜、姜、料酒、盐各适量

做法

❶将牛蛙宰杀洗净，汆烫，捞起备用；绿豆洗净，泡水；姜洗净切片。
❷蒜去皮，用刀背拍一下；锅上火，加油烧热，将蒜放入锅里炸至金黄色，待蒜味散出盛起备用。
❸另取一锅注入热水，放入绿豆、牛蛙、姜片、蒜、料酒，以中火炖2小时，起锅前调入盐即可。

汤品解说

蒜能调节血压、血脂、血糖，牛蛙则属于高蛋白、低脂肪的食材。故此汤可预防心脑血管疾病，对高血压、高脂血症及肥胖患者有较好的食疗效果。

百合红豆甜汤

原料

红豆……………………………………………100克
百合……………………………………………12克
红糖适量

做法

❶红豆淘净，放入碗中，浸泡3小时；红豆入锅，加适量水煮开，转小火煮至半开。
❷将百合剥瓣，修掉花瓣边的老硬部分，洗净，加入锅中续煮5分钟，直至汤变黏稠。
❸加红糖调味，搅拌均匀即可。

汤品解说

红豆有润肠通便、调节血糖、解毒、健美减肥的作用，百合滋阴益胃、养心安神、降压降脂。两者配伍可加强降低血压的功效。

冬瓜竹笋汤

原料

素肉……………………………………………30 克
冬瓜……………………………………………200 克
竹笋……………………………………………100 克
盐、香油各适量

做法

❶ 将素肉块放入清水中浸泡至软化，取出挤干水分。
❷ 将冬瓜洗净，切片；竹笋洗净，切丝。
❸ 置锅于火上，加入清水，以大火煮沸，加入所有材料以小火煮至熟，最后加入香油、盐调味即可。

汤品解说

竹笋能降低肠胃黏膜对脂肪的吸收与积蓄，冬瓜中所含的丙醇二酸能抑制糖类转化为脂肪。故此汤适合肥胖者长期食用。

绿豆莲子牛蛙汤

原料

牛蛙……………………………………………1 只
绿豆……………………………………………150 克
莲子……………………………………………20 克
高汤、盐各适量

做法

❶ 将牛蛙洗净，斩块，汆水。
❷ 将绿豆、莲子淘洗净，分别用温水浸泡50分钟左右。
❸ 净锅上火，倒入高汤，再放入牛蛙、绿豆、莲子煲至熟，加盐调味即可。

汤品解说

绿豆可降压降脂、滋补强壮、清热解毒，莲子能帮助人体维持酸碱平衡。二者同用，能降压消脂，对脂肪肝有一定的食疗作用。

冬瓜薏米瘦肉汤

原料

冬瓜……………………………………………300 克
瘦肉……………………………………………100 克
薏米……………………………………………20 克
姜、盐、鸡精各适量

做法

❶将瘦肉洗净，切块，汆水；冬瓜去皮，洗净，切块；薏米洗净，浸泡；姜洗净，切片。
❷将瘦肉汆烫去沫后捞出备用；将冬瓜、瘦肉、薏米、姜片放入炖锅中，置大火上炖1.5小时。
❸调入盐和鸡精，转小火稍炖即可。

汤品解说

冬瓜具有清热利水、降压降脂的功效，薏米可利水消肿、健脾祛湿。二者都可防止脂肪堆积，对脂肪肝患者有较好的食疗功效。

玉竹银耳枸杞汤

原料

玉竹……………………………………………10 克
枸杞……………………………………………20 克
银耳……………………………………………30 克
白糖适量

做法

❶将玉竹、枸杞分别洗净备用；银耳洗净，泡发，撕成小朵。
❷将玉竹、银耳、枸杞一起放入沸水锅中煮10分钟，调入白糖即可。

汤品解说

玉竹养阴润燥、除烦止渴；银耳补脾开胃、益气清肠；枸杞益气养血。几味合用可滋阴润燥、生津止渴，适合胃热炽盛型的糖尿病患者食用。

丝瓜络煲猪瘦肉

原料

丝瓜络……100克
猪瘦肉……60克
盐适量

做法

❶将丝瓜络洗净，猪瘦肉洗净切块。
❷将丝瓜络、猪瘦肉同放锅内煮汤，出锅前加少许盐调味。

汤品解说

丝瓜络有通经活络、清热解毒、利尿消肿的功效。故此汤能清热消炎、解毒通窍，可用于治疗肺热鼻燥引起的鼻炎、干咳等症。

牛膝鳝鱼汤

原料

牛膝、威灵仙……各15克
鳝鱼……250克
党参……6克
葱、姜、盐、味精、香油各适量

做法

❶将鳝鱼收拾干净，切段；党参洗净；威灵仙、牛膝洗净，煎取药汁备用；葱、姜切末。
❷锅倒水烧沸，下入鳝段汆水。
❸净锅倒油烧热，将葱末、姜末炒香，再下入鳝段煸炒，倒入水，放入党参、药汁煮沸，加盐、香油、味精煲至熟烂即可。

汤品解说

牛膝活血通经、补肝强肾，威灵仙祛风除湿、通络止痛，党参补中益气、健脾益肺。此汤能有效改善腰膝酸痛、筋骨麻木等症。

天麻川芎鱼头汤

原料

鲢鱼头……………………………………半个
天麻、川芎………………………………各5 克
香菜末、盐各适量

川芎：活血通经、散淤止痛

做法

❶将鲢鱼头洗净，斩块；天麻、川芎分别用清水洗净，浸泡。

❷锅洗净，置于火上，注入适量清水，下鲢鱼头、天麻、川芎煲至熟；调入盐调味，撒上香菜末即可。

汤品解说

天麻可息风定惊，川芎可行气开郁、祛风燥湿、活血止痛。二者配伍具有息风止痉、祛风通络、行气活血的功效。此汤适合帕金森病、动脉硬化、中风、半身不遂以及肝阳上亢引起的头痛眩晕等患者食用。

苦瓜牛蛙汤

原料

牛蛙……………………………………250 克
苦瓜……………………………………200 克
冬瓜……………………………………100 克
枸杞、清汤、姜、盐各适量

做法

❶ 将苦瓜去子，洗净，切厚片，用盐水稍泡；冬瓜洗净，切片备用；姜洗净切丝。
❷ 牛蛙洗净，切块，汆水。
❸ 净锅上火倒入清汤，调入盐、姜丝烧沸，下枸杞、牛蛙、苦瓜、冬瓜煲至熟即可。

汤品解说

苦瓜清热解暑、明目解毒，冬瓜清热化痰、除烦止渴。此汤有清热利尿、祛湿消肿的功效，适合尿路感染患者食用。

石韦蒸鸭

原料

石韦……………………………………10 克
鸭肉……………………………………300 克
清汤、盐各适量

做法

❶ 石韦用清水冲洗干净，用布袋包好。
❷ 鸭肉去骨，洗净，并将布袋放入鸭肉中，加清汤，上笼蒸至鸭肉熟烂。
❸ 捞起布袋并丢弃，加盐调味即可。

汤品解说

石韦利水通淋、清肺泄热，鸭肉养胃生津、清热健脾。二者搭配可清热生津，故此汤适合肾结石、尿路感染、急性肾炎等患者食用。

薏米瓜皮鲫鱼汤

原料

冬瓜皮……60克
薏米……150克
鲫鱼……250克
姜、盐各适量

做法

❶将鲫鱼剖洗干净，去内脏、鳃；冬瓜皮、薏米分别洗净；姜洗净切片。
❷将冬瓜皮、薏米、鲫鱼、姜片放进汤锅内，加适量清水，盖上锅盖。
❸用中火烧沸，转小火再煲1小时，加盐调味即可。

汤品解说

冬瓜皮利水消肿、清热解毒，薏米清热健脾、利尿排脓，鲫鱼补气健脾、利水通淋。三者配伍，对各种泌尿系统疾病均有一定的疗效。

茵陈甘草蛤蜊汤

原料

茵陈……8克
甘草……5克
红枣……6颗
蛤蜊……300克
盐适量

做法

❶蛤蜊冲净再用淡盐水浸泡，使其吐沙。
❷茵陈、甘草、红枣分别洗净，以1 200毫升水熬成高汤，熬至约1 000毫升，去渣留汁。
❸将蛤蜊加入汤中煮至开口，加盐调味即成。

汤品解说

茵陈有利胆退黄、抗炎降压的功效；蛤蜊营养丰富，可保肝利尿。二者与甘草、红枣搭配，对乙肝、黄疸型肝炎有很好的食疗作用。

玉米须煲蚌肉

原料

玉米须………………………………………… 50 克
蚌肉 …………………………………………150 克
姜、盐各适量

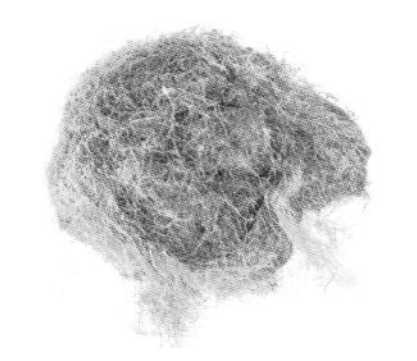

玉米须：利尿、降压、利胆

做法

❶ 将蚌肉洗净；姜洗净切片；玉米须洗净。
❷ 将蚌肉、姜片和玉米须一同放入砂锅，加水以小火炖煮1小时；加盐调味即成。

汤品解说

玉米须有利尿泄热、平肝利胆的功效，蚌肉能清热滋阴、明目解毒。此汤可清热利胆、利水通淋，对慢性病毒性肝炎、肝硬化、小便不利等症有食疗作用，并能辅助治疗肾炎水肿、脚气、糖尿病等。

板栗排骨汤

原料

板栗……250 克
排骨……500 克
胡萝卜……1 根
盐适量

做法

❶ 板栗入沸水中用中小火煮约5分钟，捞起剥膜；胡萝卜削皮，冲净切块；排骨汆烫。
❷ 将所有材料放入锅内，加水至盖过材料，以大火煮沸，再转小火续煮约30分钟，加盐调味即成。

板栗桂圆炖猪蹄

原料

板栗……200 克
桂圆肉……100 克
猪蹄……2 只
盐适量

做法

❶ 板栗入开水中煮5分钟，捞起剥膜，洗净沥干；猪蹄斩块后汆烫，捞起，洗净。
❷ 将板栗、猪蹄放入炖锅中，加水煮沸，改用小火炖70分钟，桂圆肉入锅中续炖5分钟，加盐调味即可。

银杏炖乳鸽

原料

银杏……30 克
乳鸽……1 只
枸杞……10 克
盐、味精、胡椒粉各适量

做法

❶ 将银杏剥壳，去心；枸杞洗净；乳鸽洗净斩块，锅中加水烧沸，入乳鸽焯烫后捞出。
❷ 将银杏仁、乳鸽、枸杞一同放入炖锅内，加2 000毫升水，置大火上烧沸，再用小火炖2小时，加盐、味精、胡椒粉即成。

杏仁苹果生鱼汤

原料

杏仁……………………………………………25 克
生鱼、苹果…………………………………各500 克
猪瘦肉………………………………………150 克
红枣、姜、盐各适量

做法

❶ 生鱼洗净，加入花生油煎至金黄色。
❷ 猪瘦肉洗净切块，飞水；杏仁用温水浸泡，去皮、尖；苹果去皮、核，切成4块。
❸ 锅内注入清水，煮沸后加入所有材料，用大火煮开再改小火煲1小时，调入盐即可。

瓜豆鹌鹑汤

原料

西瓜、鹌鹑…………………………………各500 克
绿豆……………………………………………50 克
姜、盐各适量

做法

❶ 将鹌鹑去毛、内脏，洗净；姜去皮，切片。
❷ 西瓜连皮洗净，切成块状；绿豆洗净，浸泡1小时。
❸ 将适量清水倒入瓦煲内，煮沸后加入鹌鹑、西瓜、绿豆、姜片，以大火煲沸后，改用小火煲2小时，加盐调味即可。

粉葛银鱼汤

原料

银鱼…………………………………………200 克
粉葛…………………………………………500 克
黑枣、姜、盐各适量

做法

❶ 将粉葛去皮，切大块；黑枣去核，略洗；姜洗净切片；银鱼洗净沥干水；起油锅，爆香姜片，下银鱼煎至表面微黄。
❷ 把上述材料放入锅内，加清水适量，以大火煮沸后改小火煲2小时，调入盐即可。

芡实红枣生鱼汤

原料

生鱼……………………………………………200 克
芡实………………………………………………20 克
红枣…………………………………………………3 颗
山药、枸杞、姜、盐、胡椒粉各适量

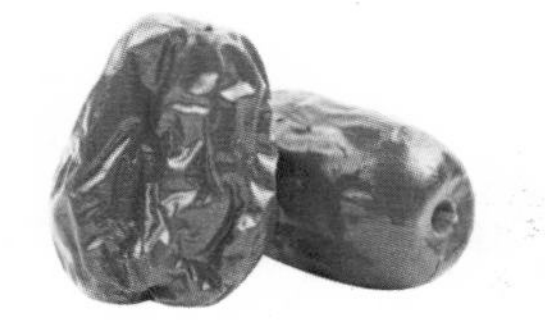

红枣：益气补血、健脾和胃

做法

❶ 将生鱼去鳞和内脏，洗净，切段后放入沸水稍烫；山药洗净。
❷ 枸杞、芡实、红枣均洗净浸软；姜洗净切片。
❸ 锅置火上，倒入适量清水，放入生鱼、姜片煮开，加入山药、枸杞、芡实、红枣煲至熟，最后加入盐、胡椒粉调味。

汤品解说

鱼肉可补体虚、健脾胃，芡实能固肾涩精、补脾止泄，红枣能益气补血、健脾和胃，山药补脾养胃，枸杞补虚益精。几者结合食用，对慢性肠炎有一定的食疗作用，能改善遗精、淋浊、小便不禁、大便泄泻等症。

菊花枸杞绿豆汤

原料

干菊花……………………………………………6 克
枸杞……………………………………………15 克
绿豆……………………………………………30 克
蜂蜜适量

做法

❶ 绿豆洗净，装入碗中，用温开水泡发。
❷ 将枸杞、菊花用冷水洗净。
❸ 瓦煲内放入1 500毫升水烧沸，加入绿豆，大火煮开后改用中火煮约30分钟，菊花及枸杞在汤快煲好时放入即可关火，蜂蜜在汤低于60℃时加入。

汤品解说

菊花疏散风热、平肝明目、清热解毒，枸杞、绿豆均可清肝泻火。故此汤有降低血压、扩张冠状动脉并增加其流量的作用。

车前子田螺汤

原料

车前子……………………………………………50 克
红枣……………………………………………10 颗
田螺（连壳）……………………………1 000 克
盐适量

做法

❶ 先用清水浸养田螺1～2天，经常换水以漂去污泥，洗净，钳去尾部。
❷ 车前子洗净，用纱布包好；红枣洗净。
❸ 将车前子、红枣、田螺放入开水锅内，大火煮沸，改小火煲2小时，捞弃纱布包，加盐调味即可。

汤品解说

车前子利水通淋、渗湿止泻，田螺清热止渴。此汤有清热祛湿的功效，可用于治疗膀胱湿热、小便短赤、涩痛不畅甚至点滴不出等症。

冬瓜玉米须

原料

带子冬瓜……300 克
玉米须……20 克
虾皮、盐各适量

做法

1. 冬瓜洗净，将冬瓜皮、肉、子分开，并将冬瓜子剁碎；玉米须洗净。
2. 将以上材料一起放入锅中，加入750毫升水，煮沸后改小火再煮20分钟，调入盐和虾皮即可滤渣取汁饮，冬瓜肉亦可食用。

汤品解说

玉米须凉血泄热，冬瓜清热利湿。此汤可降糖降压、清热利尿，能有效降低血糖，预防高血压、高脂血症、肾炎等。

芥菜魔芋汤

原料

芥菜……300 克
魔芋……200 克
姜、盐各适量

做法

1. 将芥菜去叶，择洗干净，切成大片；魔芋洗净，切片；姜洗净切丝。
2. 锅中加入适量清水，加入芥菜、魔芋及姜丝，用大火煮沸。
3. 转中火煮至芥菜熟软，加盐调味即可。

汤品解说

芥菜可清热利尿、解毒消肿，魔芋能产生饱腹感。此汤有降脂减肥的功效，适合高脂血症和肥胖症患者食用。

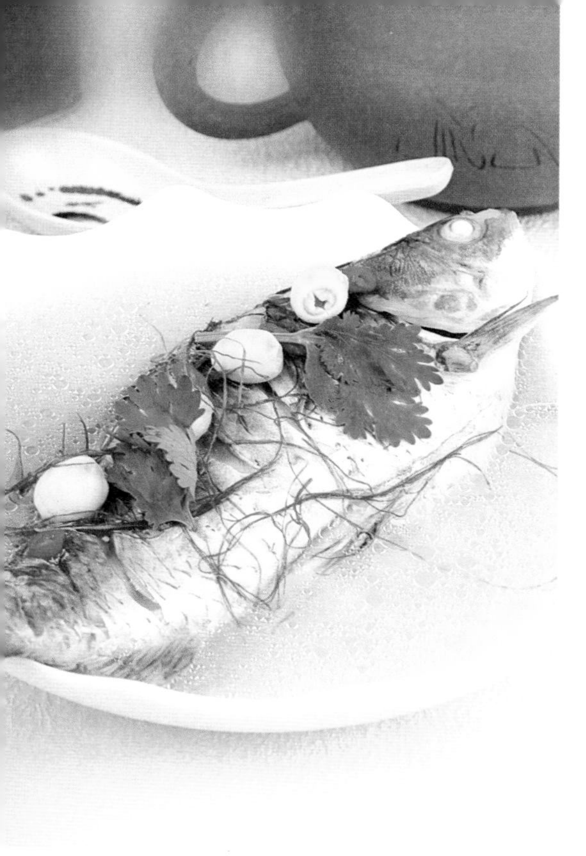

玉米须鲫鱼煲

原料

鲫鱼……450 克
玉米须……90 克
莲子……50 克
葱、姜、盐各适量

做法

❶将鲫鱼清洗干净，在鱼身上切花刀；玉米须洗净；莲子洗净泡发；葱切段；姜切片。
❷锅上火倒入油，将葱段、姜片炝香，放入鲫鱼略煎，再倒入水，加入玉米须、莲子煲至熟，调入盐即可。
❸食用前，将玉米须捞出丢弃，饮汤食鱼肉。

汤品解说

鲫鱼健脾开胃、益气利水，玉米须凉血泄热，莲子清心益气。此汤有健脾固肾、利水消肿的功效，对慢性肾炎患者有较好的食疗作用。

天麻炖猪脑

原料

猪脑……300 克
天麻……15 克
地龙、枸杞……各10 克
红枣……5 颗
葱、姜、高汤、盐、胡椒粉各适量

做法

❶将猪脑洗净血丝；葱洗净，切段；姜去皮，切片。
❷锅中注水烧沸，放入猪脑焯烫，捞出沥水。
❸高汤放入碗中，加入其余所有原料，隔水炖2小时即可。

汤品解说

天麻、地龙均有平肝潜阳、息风止痉的功效，枸杞和红枣均可滋阴益气，猪脑能益智补脑。故此汤对中风偏瘫有辅助治疗作用。

鲫鱼炖西蓝花

原料

鲫鱼……………………………………………1 条
西蓝花………………………………………100 克
枸杞、姜、盐各适量

做法

❶将鲫鱼宰杀，去鳞、鳃及内脏，洗净；西蓝花去粗梗洗净，掰成朵；姜洗净切片。
❷煎锅上火，下油烧热，用姜片炝锅，放入鲫鱼煎至两面呈金黄色。
❸加入适量水，下西蓝花煮至熟，撒入枸杞，加盐调味即成。

汤品解说

鲫鱼能补脾开胃、利水除湿，西蓝花可补肾填精、健脑壮骨、补脾和胃，枸杞养肝明目。此汤能提高抵抗力。

薏米南瓜浓汤

原料

薏米……………………………………………35 克
南瓜…………………………………………150 克
洋葱……………………………………………60 克
葛根粉…………………………………………20 克
盐适量

做法

❶将薏米洗净放入果汁机打成薏米泥；南瓜、洋葱洗净切丁，均放入果汁机打成泥。
❷锅烧热，将葛根粉勾芡，将南瓜泥、洋葱泥、薏米泥倒入锅中煮沸，化成浓汤状后加盐即可。

汤品解说

南瓜、洋葱、葛根粉均具有降低血糖的功效。故此汤有降压、降糖的功效，适合糖尿病、高血压患者作为食疗汤品长期食用。

防治外科疾病的食疗汤

在原始社会，人们在劳动和生活中因与野兽搏斗、和严寒酷暑抗争，创伤很多，就自发地运用野草、树叶包扎伤口，拔去体内异物，压迫伤口止血等，形成外科最原始的治疗方法。这些治疗感染、创伤、冻疮、诸虫咬伤、痔漏、肿瘤、皮肤病等的方法逐渐被人们所掌握。本章为大家推荐一些针对常见外科病，且适合日常操作的汤品。

南瓜猪骨汤

原料

猪骨、南瓜……………………………… 各100 克

盐适量

做法

❶ 将南瓜去瓤、皮，洗净切块；猪骨洗净，斩开成块。

❷ 净锅入水烧沸，下猪骨汆透，取出洗净。

❸ 将南瓜和猪骨放入瓦煲中煮2.5小时，加盐调味即可。

山药鳝鱼汤

原料

鳝鱼……………………………………………… 2 尾

山药……………………………………………… 25 克

补骨脂…………………………………………… 10 克

枸杞、葱、姜、盐各适量

做法

❶ 将鳝鱼处理干净，切段，汆水。

❷ 山药去皮洗净、切片；补骨脂、枸杞洗净；葱洗净切末；姜洗净切片。

❸ 净锅上火，加入盐、葱末、姜片，下鳝鱼、山药、补骨脂、枸杞煲熟即可食用。

当归桂枝鳝鱼汤

原料

川芎、桂枝………………………………… 各6 克

当归……………………………………………… 15 克

鳝鱼…………………………………………… 200 克

红枣、盐各适量

做法

❶ 将当归、川芎、桂枝、红枣洗净。

❷ 将鳝鱼剖开，去除内脏，洗净，入开水锅内稍煮，捞起过冷水，刮去黏液，切长段。

❸ 将全部材料放入砂煲内，加清水适量，以大火煮沸后改小火煲2小时，加盐调味即可。

猪蹄炖牛膝

原料

猪蹄……1只
牛膝……15克
西红柿……1个
盐适量

做法

1. 将猪蹄剁成块，汆烫后捞起冲净。
2. 将西红柿洗净，在表皮轻划数刀，放入沸水烫到皮翻开，捞起去皮，切块。
3. 将西红柿、猪蹄和牛膝一起盛入锅中，加适量水以大火煮沸，转小火续煮30分钟，加盐调味即可。

汤品解说

猪蹄可调补气血，牛膝可行气活血。故此汤有活血调经、祛淤疗伤的作用，能补肾强腰，对腰部损伤、肌肉挫伤均有一定的疗效。

金银花老鸭汤

原料

老鸭……350克
金银花、枸杞……各20克
姜、盐、鸡精各适量

做法

1. 老鸭去毛和内脏洗净，切块；金银花洗净，浸泡；姜洗净，切片；枸杞洗净，浸泡。
2. 锅中注水，烧沸，放入老鸭、姜片和枸杞，以小火慢炖。
3. 1小时后放入金银花，再炖1小时，调入盐和鸡精即可。

汤品解说

金银花能清热解毒，鸭肉养胃滋阴、大补虚劳。二者合用，能清肺解热、利水消肿，对痔疮有一定的防治功效。

骨碎补脊骨汤

原料

骨碎补……………………………………15 克
猪脊骨……………………………………500 克
红枣……………………………………… 4 颗
盐适量

做法

❶ 将骨碎补洗净，浸泡1小时；红枣洗净。
❷ 将猪脊骨斩块，洗净，汆水。
❸ 将2 000毫升清水放入瓦煲内，煮沸后加入骨碎补、猪脊骨、红枣，以大火煲开后，改用小火煲3小时，最后加盐调味即可。

汤品解说

骨碎补活血续伤、补肾强骨，红枣补中益气。此汤有活血散淤、消肿止痛、续筋接骨的功效，适合腰椎间盘突出及骨折患者食用。

羌活川芎排骨汤

原料

羌活、独活、川芎、鸡血藤……………各10 克
党参、茯苓、枳壳…………………………各8 克
排骨……………………………………… 250 克
姜片、盐各适量

做法

❶ 将所有药材洗净，煎取药汁，去渣。
❷ 将排骨斩块，汆烫，捞起冲净，放入炖锅，加入熬好的药汁和姜片，再加水至盖过材料，以大火煮开。
❸ 转小火炖约30分钟，加盐调味即可。

汤品解说

羌活、独活均可祛风除湿、散寒止痛，鸡血藤通经活络，党参益气强身。故此汤能行气活血，适合颈椎病、风湿性关节炎患者食用。

排骨桂枝板栗汤

原料

排骨……350 克
桂枝、玉竹……各20 克
板栗……100 克
高汤、盐、味精各适量

做法

1. 将排骨洗净，切块，汆水。
2. 桂枝洗净。
3. 净锅上火倒入高汤，调入盐、味精调味，放入排骨、桂枝、板栗、玉竹煲至熟即可。

汤品解说

桂枝发汗解肌、温通经脉，板栗脾胃益气、补肾壮腰。此汤有温经散寒、行气活血的功效，适合气血运行不畅的颈椎病患者食用。

黑豆猪皮汤

原料

猪皮……200 克
黑豆……50 克
红枣……10 颗
盐、鸡精各适量

做法

1. 将猪皮上的毛刮干净，入开水汆烫，待冷却之后切块。
2. 将黑豆、红枣分别用清水洗净，泡发半小时后，放入砂锅内，再加适量水，煲至豆烂。
3. 加猪皮煲半小时，直到猪皮软化，加入盐、鸡精，搅拌均匀即可食用。

汤品解说

黑豆补肾壮骨，猪皮滋阴补虚，红枣补血养颜。此汤有养血益气、促进血液循环的功效，适合骨质疏松、皮肤粗糙者食用。

板栗玉米排骨汤

原料

猪排骨……350克
玉米棒……200克
板栗……50克
葱、姜、高汤、盐各适量

板栗：补肾健脾、强身壮骨、益胃平肝

做法

1. 将猪排骨洗净，剁成块，汆水。
2. 玉米棒洗净，切块；板栗洗净，备用；葱洗净切末；姜洗净切丝。
3. 净锅上火倒入油，将葱末、姜丝爆香，下高汤、猪排骨、玉米棒、板栗，调入盐煲至熟即可。

汤品解说

板栗具有养胃健脾、补肾强腰的功效，排骨能滋阴壮阳、益精补血，玉米能开胃利胆、通便利尿、软化血管。此汤可补肾壮骨、补充钙质，能缓解骨质疏松的症状，同时能预防高血压、动脉硬化、骨质疏松等。

排骨板栗鸡爪汤

原料

鸡爪……………………………………………… 2只
猪排骨…………………………………………175克
板栗……………………………………………120克
盐、酱油各适量

做法

1. 将鸡爪用清水洗净，放入沸水中汆烫后捞出；猪排骨用清水洗净，斩大块，放入沸水中汆烫后捞出。
2. 板栗放清水中洗净。
3. 锅洗净，置于火上，倒入适量清水，调入盐、酱油，下鸡爪、猪排骨、板栗，煲至熟即可。

汤品解说

排骨益精补血，板栗补肾强腰。故此汤具有补肾壮骨的功效，适合颈椎病、骨质疏松和骨质增生的患者食用。

桑寄生连翘鸡爪汤

原料

桑寄生………………………………………… 30克
连翘……………………………………………15克
鸡爪…………………………………………… 400克
红枣…………………………………………… 2颗
盐适量

做法

1. 桑寄生、连翘、红枣均洗净。
2. 鸡爪洗净，去爪甲，斩块，汆烫。
3. 将1 600毫升清水放入瓦煲内，煮沸后加入以上用料，以大火煲开后，改用小火煲2小时，加盐调味即可。

汤品解说

桑寄生能补肝肾、强筋骨、除风通络，连翘可清热解毒、散结消肿。此汤对风湿性关节炎伴有腰膝酸软、痛痹等患者有较好的食疗食用。

土茯苓鳝鱼汤

原料

鳝鱼、蘑菇……各100克
当归……8克
土茯苓、赤芍……各10克
盐、料酒各适量

做法

1. 将鳝鱼洗净，切小段；当归、土茯苓、赤芍、蘑菇均洗净。
2. 将全部原料放入锅中，以大火煮沸后转小火续煮20分钟；加入盐、料酒调味即可。

汤品解说

土茯苓、鳝鱼均有祛风除湿、通络除痹的功效，赤芍能清热凉血，当归可活血化淤。此汤对关节炎患者有较好的改善作用。

莲藕红豆汤

原料

猪瘦肉……250克
莲藕……300克
红豆……50克
蒲公英、姜丝、葱丝、盐、味精、料酒各适量

做法

1. 将猪瘦肉洗净切块；莲藕去节去皮，洗净切段；红豆去杂质，洗净；蒲公英洗净，用纱布包好，扎紧。
2. 锅内加水，放入猪瘦肉、莲藕、红豆、纱布包，以大火烧沸再改小火煮1小时，捞弃纱布包，加葱丝、姜丝、盐、味精、料酒调味即可。

汤品解说

蒲公英能清热解毒、利尿散结，莲藕能滋阴养血、强壮筋骨，与红豆配伍，对辅助治疗风湿性关节炎有一定的食疗作用。

薏米桑枝水蛇汤

原料

桑枝、薏米……各30克
水蛇……500克
蜜枣……3颗
盐适量

做法

1. 将桑枝、薏米、蜜枣洗净；水蛇去头、皮、内脏，洗净，汆水，切成段。
2. 将2 000毫升清水放入瓦煲内，煮沸后加入桑枝、薏米、水蛇肉和蜜枣，以大火煲沸后，改用小火煲3小时，最后加盐调味即可。

汤品解说

水蛇能治消渴、除烦热，桑枝可治疗风寒湿痹、四肢拘挛等症。此汤通络止痛、利水渗湿，对关节肿痛、疼痛游走不定等症有很好的疗效。

续断杜仲牛筋汤

原料

续断、杜仲、鸡血藤……各15克
牛筋……50克
姜、盐各适量

做法

1. 将牛筋洗净，切块；姜洗净切片；续断、杜仲、鸡血藤均洗净，放入药袋扎紧。
2. 将药袋、牛筋和姜片放入砂锅中，加水煎煮至牛筋熟烂，放入盐调味即可。
3. 食用前取出药袋，喝汤食肉。

汤品解说

牛筋强筋壮骨，杜仲补肝肾、壮腰膝，续断可续筋骨、调血脉。此汤能祛风除湿、舒筋通络，可用于筋骨酸痛、腰酸腿软等症。

乌鸡芝麻汤

原料

乌鸡……300 克
红枣……4 颗
黑芝麻……50 克
盐适量

做法

① 乌鸡洗净，切块，汆烫后捞起；红枣洗净。
② 将乌鸡、红枣和黑芝麻放入锅中，加水，以小火煲约2小时，再加盐调味即可。

汤品解说

常食乌鸡，能提高生理功能、延缓衰老、强筋健骨，还可防治缺铁性贫血、须发早白等。此汤具有补肝益肾、乌发明目等作用。

杜仲煲牛肉

原料

杜仲……20 克
枸杞……15 克
牛肉……500 克
葱、姜、盐各适量

做法

① 将牛肉洗净切块，放在热水中稍烫一下，去掉血水；葱洗净切段；姜洗净切片。
② 将杜仲和枸杞用水冲洗干净，然后和牛肉、姜片、葱段一起放入锅中，加适量水，用大火煮沸后，转小火将牛肉煮至熟烂。
③ 起锅前去杜仲、姜片和葱段，调入盐即可。

汤品解说

杜仲补肝肾、壮腰膝、强筋骨，与枸杞、牛肉搭配，能够降血压、聪耳明目。此汤适用于高血压及肾虚引起的耳鸣耳聋、腰膝无力等症。

杜仲煲排骨

原料

杜仲……………………………………………30 克
排骨……………………………………………200 克
冬瓜片、盐各适量

做法

1. 将排骨洗净剁成小段；杜仲洗净切条状。
2. 将排骨、杜仲、冬瓜片一起放入锅中，加水适量，用大火煮开，再转小火煲煮40分钟，至排骨熟烂，最后加入盐调味即可。

汤品解说

杜仲具有补肝肾、壮腰膝、强筋骨的功效；排骨营养价值很高，有滋阴壮阳、益精补血的作用。常食本品可延缓骨骼老化速度，有效预防骨质增生，故对老年人肾气不足、腰膝疼痛、腿脚软弱无力等有很好的改善作用。

南瓜猪展汤

原料

南瓜……………………………………100 克
猪展……………………………………180 克
姜、红枣、盐、高汤、鸡精各适量

做法

1. 南瓜洗净，去皮，切块；猪展洗净，切块；红枣洗净；姜洗净切片。
2. 锅中注水烧开后加入猪展，汆去血水。
3. 另起砂煲，将南瓜、猪展、姜片、红枣放入煲内，注入高汤，以小火煲煮2小时后调入盐、鸡精即可。

龟板杜仲猪尾汤

原料

龟板……………………………………25 克
炒杜仲…………………………………30 克
猪尾……………………………………600 克
盐适量

做法

1. 将猪尾剁成段洗净，汆烫捞起，再冲洗干净；龟板、炒杜仲冲水洗净。
2. 将猪尾、龟板、炒杜仲盛入炖锅，加6碗水以大火煮沸，转小火炖40分钟，加盐调味即可。

花椒羊肉汤

原料

花椒……………………………………3 克
当归……………………………………20 克
羊肉……………………………………500 克
姜、味精、盐、胡椒各适量

做法

1. 将羊肉洗净，切块。
2. 花椒、姜、当归洗净，和羊肉块一起置入砂锅中。
3. 加水煮沸，再用小火炖1小时，用味精、盐、胡椒调味即成。

桂枝枸杞炖羊肉

原料

带骨羊肉……800克
桂枝……20克
枸杞……10克
红枣……5颗
盐、酱油、红油、鸡精各适量

做法

1. 将带骨羊肉洗净，切大块，入沸水中汆烫，捞出沥干；桂枝、枸杞、红枣洗净泡发。
2. 锅中倒适量水，下入羊肉、桂枝、枸杞、红枣炖煮。
3. 待羊肉八成熟时加入盐、酱油、红油、鸡精调味，煮至熟即可。

汤品解说

羊肉可补血益气、温中暖肾，桂枝能补元阳、通血脉、暖脾胃，枸杞和红枣均养中益气，此汤温里散寒，对冻疮有很好的防治作用。

莲藕菱角排骨汤

原料

菱角、莲藕……各300克
胡萝卜……50克
排骨……400克
盐、白醋各适量

做法

1. 将排骨斩块，汆烫，捞起洗净；莲藕削皮，洗净，切片；胡萝卜切块。
2. 将菱角汆烫，捞起，剥净外表皮膜。
3. 将排骨、莲藕片、菱角、胡萝卜放入锅内，加水盖过材料，加入白醋，以大火煮沸，转小火炖40分钟，加盐调味即可。

汤品解说

莲藕清热消痰，排骨有健骨补钙的功效。常食此汤可增强骨髓造血功能，强健骨骼，预防老年人骨质疏松。

桑枝鸡汤

原料

桑枝……60 克
薏米……10 克
羌活……8 克
老母鸡……1 只
盐适量

做法

1. 将桑枝洗净，切成小段；薏米、羌活洗净备用；鸡宰杀，洗净，斩块。
2. 桑枝、薏米、羌活与鸡肉共煮至烂熟汤浓，加盐调味即可。

汤品解说

桑枝祛风湿、利关节，薏米利水健脾、清热排脓，羌活祛风胜温、散寒止痛。故此汤能通经络、止痹痛，可治疗肩周或上肢关节疼痛等病症。

木瓜银耳猪骨汤

原料

木瓜……100 克
银耳……10 克
猪骨……150 克
盐、香油各适量

做法

1. 将木瓜去皮，洗净切块；银耳洗净，泡发撕小朵；猪骨洗净，斩块。
2. 将猪骨汆烫，捞出洗净。
3. 将猪骨、木瓜放入瓦煲，注入水，以大火烧沸后下银耳，改用小火炖煮2小时，加盐、香油调味即可。

汤品解说

木瓜有祛风除湿、通经络的功效；猪骨可补钙壮骨；银耳益气清肠，能增强抵抗力。三者搭配食用，对肩周炎患者有一定的食疗效果。

肉桂炖猪肚

原料

猪肚……………………………………150 克
猪瘦肉………………………………… 50 克
肉桂 …………………………………… 5 克
薏米…………………………………… 25 克
姜、盐各适量

做法

1. 将猪肚里外反复洗净，飞水后切成长条；猪瘦肉洗净后切成块。
2. 姜去皮，洗净，用刀将姜拍烂；肉桂浸透洗净，刮去粗皮；薏米淘洗干净。
3. 将以上用料放入炖盅，加清水适量，隔水炖2小时，调入盐即可。

汤品解说

肉桂能补元阳、暖脾胃、除积冷、通血脉，姜能发汗解表，猪肚能补虚损、健脾胃，薏米健脾补肺。几者配伍同食，能促进血液循环，强化胃功能，还可有效预防冻疮、肩周炎等冬季常发病。

猪肠核桃仁汤

原料

猪大肠……200 克
核桃仁……60 克
熟地……30 克
红枣……10 颗
葱末、姜丝、盐、料酒各适量

做法

1. 猪大肠反复漂洗干净，汆水切块；核桃仁捣碎；熟地、红枣洗净。
2. 锅内加水适量，放入所有材料以小火炖煮2小时，加葱末、姜丝、盐和料酒调味即可。

杜仲巴戟天猪尾汤

原料

猪尾……100 克
巴戟天、杜仲、蜜枣、盐各适量

做法

1. 将猪尾洗净，斩块；巴戟天、杜仲均洗净，浸水片刻；蜜枣洗净。
2. 净锅入水烧开，下入猪尾汆透，捞出洗净。
3. 将泡发巴戟天、杜仲的水倒入瓦煲，再注入适量清水，以大火烧开，放入猪尾、巴戟天、杜仲、蜜枣改小火煲3小时，加盐调味即可。

杜仲炖排骨

原料

杜仲……12 克
排骨……250 克
红枣、枸杞、盐、料酒各适量

做法

1. 排骨斩块，入水汆烫除去血丝和腥味。
2. 将杜仲、红枣、枸杞洗净；枸杞和红枣分别泡发。
3. 锅置火上，倒入适量清水，将所有食材一起放入砂锅中，炖熬25分钟左右，待汤水快收干时，加盐和料酒调味即可。

防治妇科疾病的食疗汤

导致妇科疾病的原因有很多，如七情、六欲、饮食、劳逸、房事、外伤等。只有全面、正确地认识妇科疾病，才能真正活出女人的风采。本章集中介绍了多种针对妇科病的保健汤品，希望可以对广大女性读者防治妇科疾病起到一定的助益作用。

薏米猪蹄汤

原料

薏米……200 克
猪蹄……2 只
红枣……5 颗
葱段、姜片、盐、胡椒粉各适量

做法

1. 将薏米去杂后洗净；红枣泡发；猪蹄洗净斩块，汆水，捞出沥干。
2. 将薏米、猪蹄、红枣、葱段、姜片放入锅中，注入清水烧沸后改用小火炖至猪蹄熟烂，拣出葱段、姜片，调入胡椒粉和盐即可。

红豆牛奶

原料

红豆……15 克
低脂鲜奶……190 毫升
果糖适量

做法

1. 将红豆洗净，泡水8小时。
2. 将红豆放入锅中，加适量水，开中火煮约30分钟，再用小火焖煮30分钟。
3. 将煮过的红豆、果糖、低脂鲜奶放入碗中，搅拌均匀即可。

节瓜红豆生鱼汤

原料

生鱼、节瓜……各150 克
干贝……20 克
山药、红豆、红枣、花生米、姜、盐各适量

做法

1. 将生鱼处理干净，切块后汆去血水；节瓜去皮切片；山药、干贝分别洗净；红豆、红枣、花生米均洗净泡软；姜洗净切片。
2. 净锅上火倒入水，下所有材料煲熟，调入盐即可。

章鱼花生猪蹄汤

原料

猪蹄……………………………………250 克
章鱼干……………………………………40 克
花生米……………………………………30 克
盐适量

做法

❶ 将猪蹄洗净、切块，汆水；章鱼干用温水泡透至回软；花生米用温水浸泡。
❷ 净锅上火，倒入水，调入盐，下入猪蹄、花生米，煲至快熟时，再下入章鱼干同煲至熟即可。

当归鲈鱼汤

原料

鲈鱼……………………………………1 条
当归、枸杞……………………………各10 克
香菇……………………………………3 朵
姜、盐、味精、豆瓣酱、红油、生抽各适量

做法

❶ 将鲈鱼宰杀，去鳃、鳞、内脏，洗净；当归、姜切片；香菇、枸杞泡发。
❷ 鲈鱼斩成块，汆水去血水腥味。
❸ 将所有原料一同放入碗中，入蒸锅中炖40分钟后取出即可食用。

泽泻白术瘦肉汤

原料

猪瘦肉、薏米…………………………各60 克
白术……………………………………30 克
泽泻、盐、味精各适量

做法

❶ 将猪瘦肉洗净，切块；泽泻、薏米洗净，薏米泡发。
❷ 把猪瘦肉、泽泻、薏米、白术一起放入锅内，加适量清水，以大火煮沸后转小火煲1~2小时，拣去泽泻，调入盐和味精即可。

红豆炖鲫鱼

原料

红豆……50克
鲫鱼……1条
盐适量

做法

1. 将鲫鱼处理干净。
2. 红豆洗净。
3. 鲫鱼和红豆放入锅内，加2 000~3 000毫升水清炖，炖至鱼熟烂后加盐调味即可。

汤品解说

红豆能利水除湿、和血排脓、消肿解毒，鲫鱼温中健脾。故此汤可健脾益气、解毒渗湿，对妊娠水肿、小便排出不畅等症都有较好的食疗作用。

三味羊肉汤

原料

羊肉……250克
熟附子……30克
杜仲……25克
熟地……15克
葱丝、姜片、盐各适量

做法

1. 将羊肉洗净切块，备用。
2. 将熟附子、杜仲和熟地放入棉布包扎好。
3. 锅中注水，放入羊肉、姜片和棉布包，以大火煮沸后改小火慢炖至熟烂，起锅前捞去棉布包，加盐、葱丝调味即成。

汤品解说

羊肉暖中补虚、补中益气，熟附子温经逐寒，杜仲、熟地皆可理气养血、补肝肾。四味配伍能温补阳气，适合四肢冰凉的女性食用。

杜仲山药乌鸡汤

原料

杜仲、菟丝子、桑寄生、山药、银杏…各10 克
枸杞……………………………………………5 克
净乌鸡…………………………………………1 只
姜、盐各适量

做法

1. 将乌鸡洗净；杜仲、菟丝子、桑寄生、山药、银杏和枸杞分别洗净，沥干；姜洗净，去皮切片。
2. 将全部材料入锅，倒入适量水，加盐拌匀。
3. 用大火煮沸，转小火炖约30分钟即可。

汤品解说

杜仲、菟丝子、桑寄生均可滋补肝肾、理气安胎。此汤对肾虚引起的月经不调、习惯性流产等症均有很好的食疗效果。

黑豆益母草瘦肉汤

原料

猪瘦肉……………………………………250 克
黑豆…………………………………………50 克
薏米…………………………………………30 克
益母草………………………………………20 克
枸杞、盐、鸡精各适量

做法

1. 将猪瘦肉洗净，切块，汆水；黑豆、薏米、枸杞洗净，浸泡；益母草洗净。
2. 将猪瘦肉、黑豆、薏米放入锅中，加入清水慢炖2小时。
3. 入益母草、枸杞稍炖，调入盐和鸡精即可。

汤品解说

益母草活血化淤、调经止痛，黑豆解毒利尿、滋阴补肾，薏米清热祛湿，枸杞滋阴补肾。故此汤对血热型月经过多有较好的食疗作用。

当归猪皮汤

原料

猪皮……500克

红枣、当归、桂圆肉、盐各适量

做法

1. 红枣去核，洗净；当归、桂圆肉洗净。
2. 将猪皮切块，洗净，入沸水中汆烫。
3. 将水放入砂锅内，烧沸后加入上述全部材料，以大火煲开后改小火煲3小时，加入盐调味即可。

汤品解说

红枣具有补虚益气、养血安神、健脾和胃等功效，当归既活血又补血，猪皮有活血止血、补益精血的作用。故此款汤品对气血亏虚型的女性有很好的食疗作用。

花旗参炖乳鸽

原料

乳鸽……1只

花旗参片……40克

山药……50克

红枣……8颗

姜、盐各适量

做法

1. 将花旗参略洗；山药洗净，加清水浸半小时，切片；红枣洗净；乳鸽去毛和内脏，切块；姜洗净切片。
2. 把全部用料放入炖盅内，加入适量沸水，盖好，隔水用小火炖3小时；加盐调味即可。

汤品解说

乳鸽益气养血、滋补肝肾，花旗参能生津止渴，山药可补肺、脾、肾三脏，红枣益气补血。此汤能有效改善气虚导致的月经过多。

旱莲草猪肝汤

原料

旱莲草……………………………………………5 克
猪肝………………………………………………300 克
葱、盐各适量

做法

1. 将旱莲草入锅，加适量水以大火煮沸，转小火续煮10分钟；猪肝洗净，切片。
2. 取旱莲草汤汁，转中火待汤再沸，放入肝片，待汤开后加盐调味、熄火；将葱洗净，切小段，撒在汤面即成。

汤品解说

旱莲草滋补肝肾、凉血止血，与猪肝配伍可止血补血。故此汤对各种出血症状均有很好的食疗效果，也可改善出血导致的贫血。

首乌黄芪鸡汤

原料

何首乌、黄芪、菟丝子、覆盆子、益母草………
………………………………………………各15 克
当归、刘寄奴、白芍……………………各9 克
茯苓、川芎…………………………………各6 克
鸡肉……………………………………………1 500 克
葱、姜、盐、料酒各适量

做法

1. 鸡肉处理干净；姜去皮，洗净，拍松；葱洗净，切段；全部药材洗净，装入纱布袋。
2. 将鸡肉和纱布袋放进炖锅内，加入3 000毫升水，置大火上烧沸，改用小火炖1小时后加入葱段、盐、姜、料酒即可。

汤品解说

此汤对因血虚、血淤、肾虚所导致的月经过少患者均有食疗作用。

川芎鸡蛋汤

原料

川芎……15 克
鸡蛋……1 个
米酒、盐各适量

做法

1. 将川芎洗净，浸泡约20分钟，泡发。
2. 将鸡蛋打入碗内，加盐拌匀，备用。
3. 起锅，倒入清水，放入川芎，以大火煮沸后倒入鸡蛋，转小火，蛋熟后加入米酒即可。

汤品解说

川芎能活血行气，是妇科活血调经的良药；米酒活血补血；鸡蛋益气补虚。三者合用，可加强活血调经的功效。

归参炖母鸡

原料

当归……15 克
党参……20 克
母鸡……1 只
葱、姜、料酒、盐各适量

做法

1. 将母鸡宰杀后，去毛、内脏，洗净，切块；葱、姜洗净切丝。
2. 将剁好的鸡块放入沸水中汆烫。
3. 砂锅中注入清水，下鸡块、当归、党参，置于大火上烧沸，后改用小火炖至鸡块烂熟，最后调入葱丝、姜丝、料酒、盐即可。

汤品解说

当归可补血活血、调经止痛，党参益气补虚，母鸡可大补元气。三者搭配炖汤食用，对气血虚弱型痛经有很好的调养效果。

归芪乌鸡汤

原料

当归……30 克
黄芪……15 克
红枣……6 颗
乌鸡……1 只
盐适量

当归：补血和血、调经止痛、润燥滑肠

做法

1. 将当归、黄芪分别洗净；红枣去核，洗净；乌鸡去内脏，洗净，剁块，汆水。
2. 将2 000毫升清水放入瓦煲中，煮沸后加入当归、黄芪、红枣、乌鸡，以大火煮沸，再改用小火煲2个小时；加盐调味即可。

汤品解说

当归是妇科常用药，甘温质润，能补血活血、调经止痛；黄芪可补气健脾；红枣可益气养血；乌鸡能补血调经。四者搭配炖汤食用，对气血亏虚引起的经间期出血、缺铁性贫血等症均有较好的食疗效果。

参归枣鸡汤

原料

党参、当归……………………………… 各15 克
红枣…………………………………………… 8 颗
鸡腿…………………………………………… 1 只
盐适量

做法

1. 将鸡腿洗净，切块，放入沸水中汆烫，再捞起冲净。
2. 将鸡腿与党参、当归、红枣一起入锅，加适量水以大火煮开，再转小火续煮30分钟；起锅前加盐调味即可。

汤品解说

党参、当归、红枣均有补气养血的功效。此汤有补血活血、调经止带的作用，可改善因贫血造成的闭经及月经稀、量少等症。

当归桂圆鸡汤

原料

鸡胸肉…………………………………… 175 克
当归………………………………………… 15 克
桂圆肉……………………………………… 5 克
高汤、枸杞、葱、姜、盐各适量

做法

1. 将鸡胸肉洗净切丝汆水；当归洗净，煎取药汁备用；葱洗净切段；姜洗净切片。
2. 净锅上火倒入高汤，下入鸡胸肉、桂圆肉、葱段、姜片煮熟，倒入药汁，加盐即可。

汤品解说

桂圆肉性温味甘，益心脾，补气血，具有良好的滋养作用；当归可补血和血、调经止痛。故此汤能改善月经不调、产后血虚血淤等症。

猪蹄鸡爪冬瓜汤

原料

猪蹄……250 克
鸡爪……150 克
木香……10 克
冬瓜、花生米、姜、盐、鸡精各适量

做法

1. 将猪蹄洗净，斩块；鸡爪洗净；冬瓜去瓤，洗净切块；花生米洗净；姜洗净切片。
2. 净锅入水烧沸，下猪蹄汆透，捞出洗净；木香洗净，煎汁。
3. 将猪蹄、鸡爪、姜片、花生米放入炖盅，注入清水，以大火烧沸，放入冬瓜、药汁，改小火炖煮2小时，加盐、鸡精调味即可。

汤品解说

木香能通络化淤；猪蹄可补益气血；鸡爪、花生米富含蛋白质和脂肪，可使乳房饱满。故此汤能增加乳房弹性和韧性，有效改善乳房下垂的状况。

木瓜煲猪蹄

原料

猪蹄……350 克
木瓜……1 个
姜、盐、味精各适量

做法

1. 将木瓜剖开，去子、皮，切成小块；姜洗净切成片。
2. 猪蹄去毛，洗净，砍成小块，再放入沸水中汆去血水。
3. 将猪蹄、木瓜、姜片装入煲内，加适量清水煲至熟烂，加入盐、味精调味即可。

汤品解说

猪蹄含有丰富的胶原蛋白和弹性蛋白，木瓜有和血润肤、丰胸美容的功效。此汤对乳房下垂的女性有很好的食疗作用。

锁阳羊肉汤

原料

锁阳……15 克
香菇……5 朵
羊肉……250 克
姜、盐各适量

做法

1. 将羊肉洗净，切块，放入沸水中汆烫，捞出备用；香菇洗净，切丝；锁阳、姜均洗净。
2. 将所有的材料放入锅中，加适量水；以大火煮沸后，再改小火慢慢炖煮至软烂，大约50分钟；起锅前，加盐调味即可。

汤品解说

锁阳可滋阴补肾、增强性欲，羊肉温补肾阴、温经散寒，香菇抗老防衰。故此汤对肾阳亏虚型卵巢早衰患者有较好的食疗补益作用。

松茸鸽蛋海参汤

原料

海参、松茸……………………………………各20 克
鸽蛋、水发虫草花、清鸡汤、盐各适量

做法

1. 将海参泡发，洗净备用；松茸洗净后用热水泡透。
2. 将鸽蛋、水发虫草花、海参分别入沸水中快速汆水，捞出。
3. 净锅下清鸡汤、松茸，汤开后倒入炖盅内，再下鸽蛋、海参和水发虫草花，盖上盖子，放入蒸笼，以大火蒸10分钟至味足，加盐调味即可。

汤品解说

虫草花、松茸、鸽蛋均具有补肾益气、延年抗衰的功效，与海参配伍，对肾阳亏虚引起的卵巢早衰、精血亏虚等症有很好的疗效。

鲍鱼瘦肉汤

原料

鲍鱼……………………………………………2 只
瘦肉…………………………………………150 克
参片……………………………………………12 片
枸杞……………………………………………10 克
盐、味精、鸡精各适量

做法

1. 将鲍鱼杀好洗净；瘦肉切小块。
2. 将鲍鱼、瘦肉、参片、枸杞放入盅内。
3. 用中火蒸1小时，最后放入盐、味精、鸡精调味即可。

汤品解说

鲍鱼富含多种蛋白质，有较好的抗衰老作用；参片大补元气；枸杞滋补肝肾。此汤对阴阳俱虚型卵巢早衰症有一定的改善效果。

莲子补骨脂猪腰汤

原料

补骨脂……50 克
猪腰……1 个
莲子、核桃仁……各40 克
姜、盐各适量

做法

1. 将补骨脂、莲子、核桃仁分别洗净浸泡；猪腰剖开除去白色筋膜，加盐揉洗，以水冲净；姜洗净去皮切片。
2. 将所有材料放入砂煲中，注入清水，以大火煲沸后转小火煲煮2小时；加盐调味即可。

汤品解说

补骨脂具有滋阴补肾、养巢抗衰的作用，莲子可清心醒脾、补肾固精，核桃仁能补益肾气，猪腰理肾气、通膀胱、消积滞、止消渴。四者配伍同用，能改善雌激素水平、增强性欲，对肾阳虚型卵巢早衰患者有一定的食疗作用。

杜仲寄生鸡汤

原料

炒杜仲……50 克
桑寄生……25 克
鸡腿……1 只
盐适量

做法

1. 将鸡腿剁成块，洗净，在沸水中汆烫，去掉血水。
2. 将炒杜仲、桑寄生、鸡块一起放入锅中，加水至盖过所有的材料。
3. 先用大火煮沸，然后转为小火续煮25分钟左右，快要熟时，加入盐调味即可。

汤品解说

杜仲有补肝肾、调冲任、固经安胎的功效，桑寄生可补肾安胎。此汤对肝肾亏虚、下元虚冷引起的妊娠下血、先兆流产均有疗效。

阿胶牛肉汤

原料

阿胶粉……15 克
牛肉……100 克
姜、米酒、红糖各适量

做法

1. 将牛肉洗净，去筋切片；姜切片。
2. 将牛肉片与姜片、米酒一起放入砂锅，加适量水，用小火煮30分钟。
3. 加入阿胶粉，并不停地搅拌，至阿胶溶化后加入红糖，搅拌均匀即可。

汤品解说

阿胶能补血止血、调经安胎，牛肉补脾生血，与阿胶配伍能温中补血。此汤对气血亏虚引起的胎动不安、胎漏下血有很好的食疗效果。

莲子芡实瘦肉汤

原料

猪瘦肉……………………………………………100 克

芡实、莲子、盐各适量

做法

1. 将猪瘦肉洗净，剁成块；芡实洗净；莲子去皮、心，洗净。
2. 锅中注水烧沸，将猪瘦肉的血水滚尽，捞起洗净。
3. 把猪瘦肉、芡实、莲子放入炖盅，注入清水，以大火烧沸后再改小火煲煮2小时，加盐调味即可。

汤品解说

芡实能固肾健脾、稳固胎象，莲子补脾止泻、滋补元气。此汤对气血亏虚引起的习惯性流产、妊娠腹泻等均有一定的食疗效果。

艾叶煮鹌鹑

原料

艾叶……………………………………………30 克

菟丝子…………………………………………15 克

鹌鹑……………………………………………2 只

料酒、盐、味精、香油各适量

做法

1. 将鹌鹑洗净；艾叶、菟丝子分别洗净。
2. 砂锅中注入200毫升清水，放入艾叶、菟丝子和鹌鹑。
3. 烧沸后，捞去浮沫，加入料酒和盐，以小火炖至熟烂，下味精，淋香油即可。

汤品解说

艾叶能散寒止痛、暖宫安胎，菟丝子可补肾温阳、理气安胎，鹌鹑能益气补虚。此汤可用于小腹冷痛、滑胎下血、宫冷不孕等症。

木瓜炖猪肚

原料

木瓜、猪肚……………………………………各1个
清汤、姜、盐、胡椒粉、淀粉各适量

做法

1. 将木瓜去皮、子，洗净切条块；猪肚用盐、淀粉稍腌，洗净切条块；姜去皮洗净切片。
2. 锅上火，姜片爆香，加适量水烧沸，放入猪肚、木瓜，焯烫片刻，捞出沥干水。
3. 猪肚转入锅中，倒入清汤、姜片，以大火炖约30分钟，再下木瓜炖20分钟，加盐、胡椒粉调味即可。

汤品解说

木瓜有滋阴益胃的功效，猪肚可补气健脾，姜可温胃散寒。几味搭配炖汤食用，对脾胃虚弱引起的妊娠呕吐有一定的食疗作用。

山药黄芪鲫鱼汤

原料

黄芪……………………………………………15克
山药块…………………………………………30克
鲫鱼……………………………………………1条
葱、姜、盐、米酒各适量

做法

1. 将鲫鱼去除鳞、内脏，清理干净，然后在鱼的两面各划一刀备用；姜洗净，切片；葱洗净，切丝。
2. 将黄芪、山药块放入锅中，加水煮沸，然后转为小火熬煮大约15分钟，再转中火，放入姜片和鲫鱼煮8～10分钟。
3. 鱼熟后加入盐、米酒，并撒上葱丝即可。

汤品解说

本品对脾虚型妊娠肿胀有较好的食疗效果。

红豆煲乳鸽

原料

乳鸽……………………………………………1只
红豆…………………………………………100克
胡萝卜………………………………………50克
姜、盐、胡椒粉各适量

做法

1. 将胡萝卜去皮洗净，切片；乳鸽去内脏洗净，焯烫；红豆洗净，泡发；姜去皮洗净，切片。
2. 锅上火，加适量清水，放入姜片、红豆、乳鸽、胡萝卜片，以大火烧沸后转小火煲约2小时。
3. 起锅前调入盐、胡椒粉即可。

汤品解说

红豆有清热解毒、利水消肿的功效，胡萝卜健脾行气、利水消肿，乳鸽益气补血、滋阴补肾。故此汤对肾虚型妊娠肿胀有较好的食疗作用。

鲜车前草猪肚汤

原料

鲜车前草……………………………………30克
猪肚…………………………………………130克
薏米、红豆………………………………各20克
蜜枣、盐、淀粉各适量

做法

1. 将鲜车前草、薏米、红豆洗净；猪肚外翻，用盐、淀粉反复搓擦，用清水冲净。
2. 将锅中注水烧沸，加入猪肚，汆至收缩，捞出切片。
3. 将砂煲内注入清水，煮沸后加入所有食材，以小火煲2.5小时，加盐调味即可。

汤品解说

车前草利尿通淋、消除水肿，猪肚健脾补虚，薏米、红豆均健脾利水、清热解毒。此汤对脾虚湿盛型妊娠水肿患者有很好的食疗效果。

熟地鸡腿冬瓜汤

原料

熟地……………………………………… 50 克
鸡腿……………………………………… 300 克
冬瓜………………………………………100 克
姜、葱、盐、鸡精、胡椒粉各适量

熟地：补血养阴、填精益髓

做法

1. 将所有原料洗净，鸡腿切块，冬瓜、姜切片，葱切段。
2. 烧油锅，炒香姜片、葱段，放适量清水，以大火煮开，放入鸡腿焯烫，滤除血水。
3. 砂煲上火，放入鸡腿、熟地、冬瓜，以小火炖40分钟，加盐、鸡精、胡椒粉调味即可。

汤品解说

冬瓜清热利湿，有利水消痰、清热解毒的功效；熟地味甘微温质润，既补血滋阴，又能补精益髓。二者搭配有补阴、益精、生血的效果。故此汤可补肾养血，对肾虚、血虚所引起的产后血晕有一定疗效。

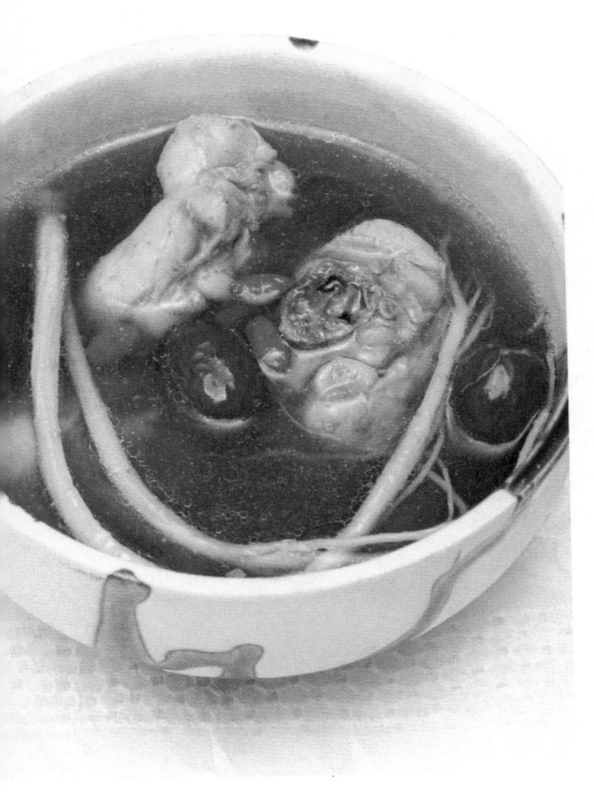

红枣枸杞鸡汤

原料

枸杞……………………………………………30 克
党参……………………………………………3 根
鸡肉……………………………………………300 克
红枣……………………………………………15 颗
姜、葱、盐、生抽、料酒、鸡精、香油、胡椒粉各适量

做法

1. 将鸡肉洗净后剁成块状；红枣、枸杞、党参洗争；姜洗净切片；葱洗净切段。
2. 将剁好的鸡块及所有材料入水炖煮，加入盐、生抽、胡椒粉、料酒煮约10分钟；转小火炖稍许，撒上鸡精，淋上香油即可。

汤品解说

红枣可补中益气，养血安神；枸杞可滋补肝肾，鸡肉能健体补虚。三者合用，适宜血虚气脱型产后血晕患者食用。

灵芝核桃仁枸杞汤

原料

灵芝……………………………………………30 克
核桃仁…………………………………………50 克
枸杞……………………………………………10 克
红枣、冰糖、葱各适量

做法

1. 将灵芝洗净切小块；核桃仁用水泡发，撕去黑皮；枸杞泡发；葱洗净切丝。
2. 煲中放水，下灵芝、核桃仁、枸杞、红枣，盖上盖煲40分钟。
3. 将火调小，下冰糖、葱丝调味，待冰糖溶化，即可食用。

汤品解说

灵芝可宁心安神、补益五脏，核桃仁可补血养气、补肾填精，枸杞可滋补肝肾。此汤十分适合产后血晕者食用。

当归姜片羊肉汤

原料

当归……………………………………………………50 克
姜 ……………………………………………………20 克
羊肉…………………………………………………500 克
蒜片、盐、酱油各适量

做法

1. 先将羊肉洗净，切成小块，放入沸水锅内氽去血水，捞出晾凉。
2. 当归、姜洗净，顺切成大片。
3. 取砂锅放入适量清水，将羊肉、当归、姜片、蒜片放入，以大火烧沸后，去掉浮沫，改用小火炖至羊肉熟烂，加盐、酱油调味即可食用。

汤品解说

当归可补虚劳、化淤血，姜、羊肉均有暖胞宫、散寒凝的功效。三者配伍同用，对产后寒凝血淤引起的腹痛有很好的疗效。

鸡血藤鸡肉汤

原料

鸡肉…………………………………………………200 克
鸡血藤、川芎………………………………………各20 克
姜、盐各适量

做法

1. 将鸡肉洗净，切片，氽水；姜洗净切片；鸡血藤、川芎洗净，放入锅中，加水煎煮，留取药汁。
2. 将氽水后的鸡肉、姜片放入锅中，加适量水以大火煮沸，转小火炖煮1小时，再倒入药汁，煮沸；加盐调味即可食用。

汤品解说

川芎行气止痛、活血化淤，鸡血藤活血化淤、通经通络。此汤对气滞血淤所致的产后腹痛、闭经痛经等症均有很好的疗效。

当归芍药炖排骨

原料

当归、白芍、熟地、丹参、川芎…………各15 克
三七粉…………………………………………5 克
排骨块…………………………………………500 克
米酒、盐各适量

白芍：镇痉、镇痛、通经

做法

❶ 将排骨块洗净，汆烫去腥，再用冷开水冲洗干净，沥水备用。

❷ 将当归、白芍、熟地、丹参、川芎入水煮沸，下排骨，加米酒，待水煮开，转小火，续煮30分钟，最后加入三七粉拌匀，加盐调味即可。

汤品解说

当归、熟地均是补血良药；白芍可缓急止痛，能缓解产后恶露过久引起的贫血、腹痛等症状；川芎活血化淤，丹参和三七既能活血又能止血。几味药材配伍同用，对血淤型产后恶露出血者有很好的食疗效果。

枸杞党参鱼头汤

原料

鱼头……1个

枸杞……15克

山药片、党参、红枣、盐、胡椒粉各适量

做法

1. 将鱼头洗净，剖成两半，放入热油锅稍煎；山药片、党参、红枣均洗净；枸杞泡发洗净。
2. 汤锅内加入适量清水，用大火烧沸，放入鱼头煲至汤汁呈乳白色。
3. 加入山药片、党参、红枣、枸杞，用中火继续炖1小时，加入盐、胡椒粉调味即可。

汤品解说

党参具有滋阴补气的功效，枸杞可滋阴补肾、清肝明目，山药益气补虚。此汤对产后气虚导致的恶露不绝有很好的改善作用。

无花果煲猪肚

原料

无花果……20克

猪肚……1个

蜜枣、姜、盐、鸡精、胡椒、醋各适量

做法

1. 将猪肚加盐、醋反复擦洗，用清水冲净；无花果、蜜枣洗净；胡椒稍研碎；姜洗净，去皮切片。
2. 锅中注水烧沸，将猪肚汆去血沫后捞出。
3. 将所有食材一同放入砂煲中，加清水，以大火煲滚后改小火煲2小时，至猪肚软烂后调入盐、胡椒碎、鸡精即可。

汤品解说

无花果具有健胃清肠、消肿解毒的功效，与猪肚同食，能补虚损、健脾胃。此汤对产后气血亏虚引起的恶露不绝有一定的食疗效果。

当归熟地乌鸡汤

原料

当归、熟地、党参、炒白芍、白术、茯苓、黄芪、川芎、甘草、肉桂、枸杞、红枣…各10 克
乌鸡腿……………………………………………1只
盐适量

做法

1. 将乌鸡腿剁块，放入沸水汆烫，捞起后冲净；各种药材以清水快速冲洗，沥干。
2. 将乌鸡腿和所有药材一起盛入炖锅，加适量的水，以大火煮沸。
3. 转小火慢炖30分钟，加盐调味即成（其间可用食具适当搅拌，使药材完全入味）。

汤品解说

此汤选取的诸味药材配伍同用，能补血补气，促进血液循环、利尿消肿、提振精神，适宜产后食用，可改善气血亏虚引起的各种疾病。

虾仁豆腐汤

原料

鱿鱼、虾仁……………………………各100 克
豆腐……………………………………125 克
鸡蛋……………………………………1 个
香葱、盐各适量

做法

1. 将鱿鱼、虾仁处理干净；豆腐洗净切条；鸡蛋打入盛器搅匀备用；香葱洗净切末。
2. 净锅上火倒入水，放入鱿鱼、虾仁、豆腐，烧沸至熟后倒入鸡蛋，煮开后再放入盐和香葱末即可。

汤品解说

虾仁富含磷、钙等微量元素，有较强的通乳作用；豆腐能补中益气、清热润燥、清洁肠胃。此汤适宜产后及身体虚弱者食用。

黄花菜黄豆煲猪蹄

原料

猪蹄……………………………………300 克
黄花菜、黄豆、红枣、枸杞、葱、盐、胡椒粉各适量

做法

1. 将猪蹄洗净，斩块；黄花菜、黄豆均洗净泡发；红枣去蒂，洗净泡发；枸杞洗净泡发；葱洗净切丝。
2. 净锅注水烧沸，下猪蹄汆透，捞起洗净。
3. 将猪蹄、黄花菜、黄豆、红枣、枸杞放进瓦煲，注入清水，以大火烧沸，改小火煲1.5小时，加葱丝、盐、胡椒粉调味即可。

汤品解说

猪蹄能补虚弱、填肾精，富含胶原蛋白；黄豆能健脾益气、润燥消水。此汤对产后因气血不足导致的乳汁缺乏有较好的食疗效果。

通草丝瓜对虾汤

原料

通草……………………………………6 克
对虾……………………………………8 只
丝瓜……………………………………200 克
葱、蒜末、盐各适量

做法

1. 将通草、丝瓜、对虾分别洗净，虾去泥肠。
2. 将葱洗净切段；丝瓜切成条状。
3. 起锅倒入油，放入对虾、通草、丝瓜、葱段、蒜末、盐，用中火煎至将熟时再放些油，烧沸即可。

汤品解说

通草下乳汁、利小便，丝瓜清热解毒，虾能下乳。三者合用，对产后乳少、乳汁不行以及因乳腺炎导致的乳汁不通均有较好的食疗效果。

金银花茅根猪蹄汤

原料

金银花、桔梗、白芷、茅根……………各15克
猪蹄……………………………………1只
黄瓜……………………………………35克
盐适量

做法

1. 猪蹄洗净，切块，汆水；黄瓜去子，洗净，切滚刀块。
2. 将金银花、桔梗、白芷、茅根洗净，装入纱布袋扎紧。
3. 汤锅上火倒入水，下猪蹄、纱布袋，调入盐烧沸，煲至快熟时下黄瓜，捞起纱布袋丢弃，再加盐即可。

汤品解说

金银花清热解毒，白芷敛疮生肌，茅根凉血止血，桔梗排脓消肿，猪蹄可通乳汁。此汤可辅助治疗哺乳期乳汁淤积导致的急性乳腺炎。

甘草红枣炖鹌鹑

原料

鹌鹑……………………………………3只
甘草……………………………………10克
瘦肉……………………………………30克
红枣、姜片、盐、味精各适量

做法

1. 将甘草、红枣入清水中润透，洗净。
2. 瘦肉洗净，切成小方块；鹌鹑洗净，与瘦肉一起入沸水中汆去血沫后捞出。
3. 将以上备好的所有材料和姜片一同装入炖盅内，加适量水，入锅炖40分钟后，调入盐、味精即可。

汤品解说

鹌鹑可补肾阳、补气血、增强性欲，红枣补血益气，甘草可调和药性。此汤可缓解更年期性欲减退、腰膝酸软、面色暗沉等症。

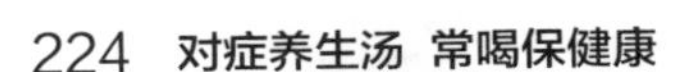

灵芝炖海参

原料

水发海参……………………………………80克
灵芝、鱼丸、葱、姜、盐、鸡精各适量

做法

1. 将海参处理干净；姜洗净，去皮，切片；灵芝洗净；葱洗净，切末。
2. 锅内加入清水烧沸，放入姜片、海参，焯至海参五分熟，捞出。
3. 锅内再加适量清水，下海参、鱼丸、灵芝，以大火烧沸后，改用小火慢炖2小时。
4. 最后加入葱末、盐、鸡精，用中火收浓汤汁即可。

汤品解说

海参可补肾益精、养血润燥，灵芝具有益气血、安心神的功效。二者合用，能有效改善女性更年期综合征的多种症状。

鱼腥草瘦肉汤

原料

鱼腥草……………………………………30克
金银花、连翘…………………………各15克
白茅根……………………………………25克
猪瘦肉……………………………………100克
盐、味精各适量

做法

1. 将鱼腥草、金银花、白茅根、连翘洗净。
2. 将药材一同放入锅内加水煎煮，以小火煮30分钟，去渣留药汁。
3. 猪瘦肉洗净切片，放入药汁内，以小火煮熟，加盐、味精调味即成。

汤品解说

鱼腥草可消肿排脓、镇痛止血，金银花、连翘均能清热解毒、消炎杀菌，白茅根可凉血利尿。以上几味搭配，对阴道炎有较好的疗效。

黄花菜马齿苋汤

原料

干黄花菜、马齿苋……………………………各50 克
苍术………………………………………………10 克
盐适量

做法

1. 将黄花菜洗净，入沸水焯烫，再用凉水浸泡2小时以上；将马齿苋、苍术用清水洗净。
2. 锅洗净，置于火上，将黄花菜、马齿苋、苍术一同放入锅中。
3. 注入适量清水，以中火煮成汤，加盐即可。

汤品解说

黄花菜清热解毒，苍术燥湿止痒、排毒敛疮，马齿苋清热解毒、利湿。三者配伍煎水，适合阴道炎、皮肤湿疹等湿热性病症患者食用。

麦冬黑枣乌鸡汤

原料

乌鸡…………………………………………400 克
麦冬、枸杞………………………………各15 克
人参、黑枣、盐、鸡精各适量

做法

1. 将乌鸡收拾干净，斩块，氽水；人参、麦冬洗净，切片；黑枣洗净，去核，浸泡；枸杞洗净，浸泡。
2. 锅中注入适量清水，放入乌鸡、人参、麦冬、黑枣、枸杞，盖好盖。
3. 以大火烧沸后改小火慢炖2小时，调入盐和鸡精即可食用。

汤品解说

人参养心益气，枸杞补血养颜，麦冬养阴生津。此汤能有效改善阴虚盗汗、神疲乏力、性欲冷淡、腰膝酸软、烦躁易怒等更年期症状。

生地木棉花瘦肉汤

原料

瘦肉……300 克
生地、木棉花……各10 克
青皮……6 克
盐适量

做法

1. 将瘦肉洗净，切块，汆水；生地洗净，切片；木棉花、青皮均洗净。
2. 锅置火上，加水烧沸，放入瘦肉、生地慢炖1小时。
3. 放入木棉花、青皮再炖半个小时，调入盐即可食用。

汤品解说

生地清热凉血、滋阴生津、杀菌消炎，青皮行气除胀、散结止痛，木棉花清热利湿。此汤适合湿热下注、气滞血淤型盆腔炎患者食用。

三七木耳乌鸡汤

原料

乌鸡……150 克
三七……5 克
黑木耳……10 克
盐适量

做法

❶将乌鸡处理干净，切块；三七浸泡，洗净，切成薄片；黑木耳泡发，洗净，撕成小朵。
❷锅中注入适量清水烧沸，放入乌鸡，汆去血水后捞出洗净。
❸用瓦煲装适量清水，煮沸后加入乌鸡、三七、黑木耳，以大火煲沸后改用小火煲2小时，加盐调味即可食用。

汤品解说

三七化淤定痛，乌鸡滋阴补肾，黑木耳凉血止血。此汤对肾虚血淤型子宫肌瘤患者有较好的食疗效果，可改善患者的贫血症状。

桂枝土茯苓鳝鱼汤

原料

鳝鱼、蘑菇……各100 克
土茯苓……30 克
桂枝、赤芍……各10 克
盐、米酒各适量

做法

❶将鳝鱼洗净，切小段；蘑菇洗净，切成片；桂枝、土茯苓、赤芍洗净。
❷将桂枝、土茯苓、赤芍先放入锅中，以大火煮沸后转小火续煮20分钟。
❸再放入鳝鱼煮5分钟，最后放入蘑菇炖煮3分钟，加盐、米酒调味即可。

汤品解说

土茯苓除湿解毒、消肿敛疮，赤芍散淤止痛，桂枝活血化淤，鳝鱼通络散结。此汤可辅助治疗湿热淤结型子宫肌瘤。

鲜人参炖鸡

原料

鸡……………………………………………………1只
鲜人参…………………………………………… 2根
猪瘦肉……………………………………… 200克
火腿………………………………………… 30克
花雕酒、姜片、盐、鸡精、味精、浓缩鸡汁各适量

做法

1. 将鸡处理干净；猪瘦肉切成大粒；火腿切粒。
2. 把鸡肉、猪瘦肉分别飞水去血污，再把所有原料装进炖盅搅拌均匀，炖4小时即可。

汤品解说

人参可大补元气，鸡肉具有益气补虚的功效。故此汤对体质虚弱引起的子宫脱垂患者有很好的补益作用。

党参山药猪肚汤

原料

猪肚………………………………………… 250克
党参、山药……………………………… 各20克
黄芪…………………………………………… 5克
枸杞、姜、盐各适量

做法

1. 将猪肚洗净；党参、山药、黄芪、枸杞均洗净；姜洗净切片。
2. 锅中注水烧沸，放入猪肚汆烫。
3. 将所有除盐之外的原料放入砂煲内，加清水没过材料，以大火煲沸，再改小火煲3小时，调入盐即可。

汤品解说

党参、山药、黄芪均是补气健脾的佳品，猪肚能升提内脏。此汤对气虚所致的胃下垂、子宫脱垂、脱肛、肾下垂等症大有补益。

黄芪猪肝汤

原料

当归……25克
党参、黄芪……各20克
熟地……8克
猪肝……200克
姜片、米酒、香油、盐各适量

做法

1. 将当归、党参、黄芪、熟地洗净，加适量水，熬取药汁备用；猪肝洗净切片。
2. 香油加姜片爆香后，入猪肝炒至半熟，盛起。
3. 将米酒、药汁入锅煮沸，加入猪肝煮沸，最后加盐调味即可。

汤品解说

党参、黄芪可补气健脾、升阳举陷，当归益气补血，熟地滋补肝肾，猪肝补血养肝。此汤对气血亏虚导致的子宫脱垂有较好的食疗作用。

参芪玉米排骨汤

原料

党参、黄芪……各15克
排骨……300克
玉米、盐各适量

做法

1. 玉米洗净，剁成小块。
2. 排骨切块，以沸水汆烫去腥，捞起沥水。
3. 将玉米、排骨、党参、黄芪一起放入砂锅内，以大火煮开后，再改小火煮40分钟，起锅前加少许盐调味即可。

汤品解说

党参、黄芪均有补中益气的功效，黄芪能升阳举陷。此汤能增强脾胃之气，对改善子宫脱垂、胃下垂等症有较好的食疗功效。

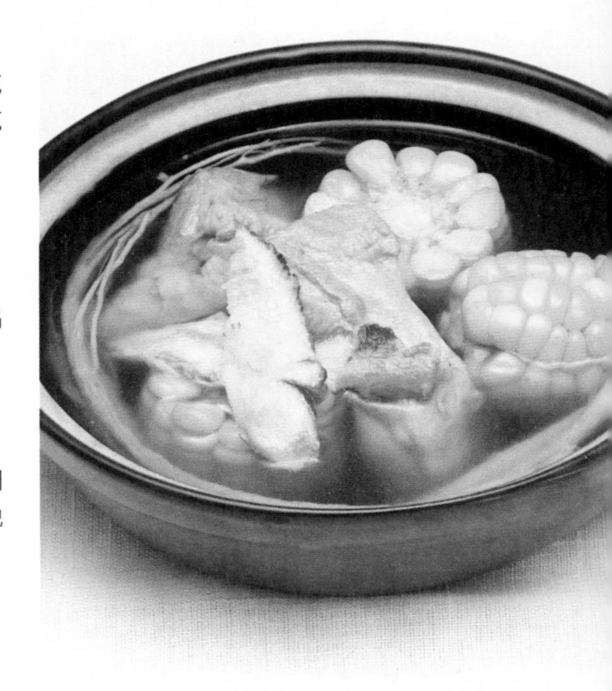

排骨苦瓜煲陈皮

原料

苦瓜……………………………………………200 克
排骨……………………………………………300 克
蒲公英…………………………………………10 克
陈皮……………………………………………8 克
葱、姜、盐、胡椒粉各适量

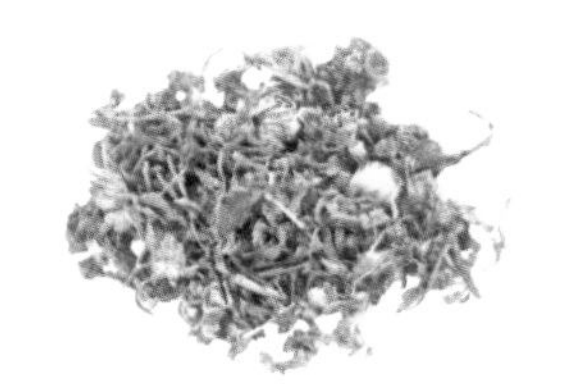

蒲公英：清热解毒、利尿散结

做法

1. 将苦瓜洗净，去子，切块；排骨洗净，斩块，汆水；陈皮洗净；蒲公英洗净，煎汁去渣；葱洗净切段；姜洗净切片。
2. 煲锅上火倒入水，调入葱段、姜片，下排骨、苦瓜煲至八成熟。
3. 加入陈皮倒入药汁，调入盐和胡椒粉即可。

汤品解说

蒲公英清热解毒、利尿散结，苦瓜清热泻火，陈皮可理气散结、止痛。此汤能缓解乳腺癌导致的局部皮肤红、肿、热、痛等症。

佛手延胡索猪肝汤

原料

佛手……………………………………………10 克
延胡索……………………………………………9 克
制香附……………………………………………8 克
猪肝……………………………………………100 克
葱、姜、盐各适量

做法

1. 将佛手、延胡索、制香附洗净；猪肝洗净切片；葱洗净切末；姜洗净切丝。
2. 放佛手、延胡索、制香附入锅内，加适量水煮沸，再用小火煮15分钟左右。
3. 加入猪肝片，放入盐、姜丝、葱末，熟后即可食用。

汤品解说

佛手理气化痰，延胡索活血散淤、理气止痛，制香附疏肝理气、调经止痛。此汤对乳腺增生、痛经、产后淤血等患者有较好的食疗作用。

灵芝石斛鱼胶猪肉汤

原料

猪瘦肉……………………………………………300 克
灵芝、石斛、鱼胶、盐、鸡精各适量

做法

1. 将猪瘦肉洗净，切块，汆水；灵芝、鱼胶洗净，浸泡；石斛洗净，切片。
2. 将猪瘦肉、灵芝、石斛、鱼胶放入锅中，加入清水慢炖。
3. 炖至鱼胶变软散开后，调入盐和鸡精即可。

汤品解说

石斛可滋养胃阴、生津止渴，兼能清胃热，主治热病伤津、烦渴、舌干苔黑。几味配伍食用，对更年期女性阴虚发热、心烦易怒等症有改善作用。

防治男科疾病的食疗汤

男性往往对自身生殖系统缺乏认识，自我保健知识也知之甚少，加上自尊心强，不愿去医院看男科，为男科疾病的发生埋下了隐患。

针对男性朋友所关心的病症，如阳痿、早泄、遗精、前列腺炎、男性更年期综合征等，本章选取了合理的药膳，以助您早日摆脱“难言之隐”。

板栗冬菇老鸡汤

原料

老鸡……200克
板栗肉……30克
冬菇……20克
盐适量

做法

❶将老鸡洗净，切块，汆水；板栗肉洗净；冬菇浸泡洗净，切片。
❷净锅上火倒入水，调入盐，放入鸡肉、板栗肉、冬菇煲至熟，即可食用。

汤品解说

板栗能养胃健脾、补肾强筋，冬菇能提高人体抵抗力。二者与鸡肉配伍，有益气养血、滋阴补肾的功效，适合男性日常进补。

党参乌鸡海带汤

原料

木瓜……半个
海带……50克
乌鸡……半只
党参……2根
盐适量

做法

❶将木瓜去子、皮；海带洗净、切块；乌鸡剁小块；党参洗净。
❷将所有材料一同放入锅中，加水适量，以大火烧沸。
❸转小火慢炖2小时，加入盐调味即可。

汤品解说

木瓜、海带均有理气散结的作用，党参可补中益气、健脾益肺、养血生津。此汤有滋补肝肾、益精明目、强壮身体的功效。

绿豆炖鲫鱼

原料

绿豆……50克
鲫鱼……1条
西洋菜、胡萝卜……各150克
姜、高汤、盐、鸡精、胡椒粉、香油各适量

做法

1. 将胡萝卜去皮，洗净，切片；鲫鱼刮去鳞，去内脏、鳃，洗净备用；西洋菜择洗干净；姜去皮切片。
2. 净锅上火，油烧热，放入鲫鱼煎炸，煎至两面呈金黄色时捞出。
3. 砂煲上大火，将绿豆、鲫鱼、姜片、胡萝卜全放入煲内，倒入高汤，以大火炖约40分钟，放入西洋菜稍煮，最后调入盐、鸡精、胡椒粉，淋上香油即可。

汤品解说

此汤对男性尿频、尿急、尿痛、小便淋涩不出等尿路感染症状有较好的食疗作用。

桑螵蛸红枣鸡汤

原料

桑螵蛸……10克
红枣……8颗
鸡腿……1只
盐、鸡精各适量

做法

1. 将鸡腿剁块，放入沸水汆烫，捞起冲净。
2. 鸡腿、桑螵蛸、红枣盛入煲中，加适量水，以大火煮开，转小火续煮。
3. 待鸡腿烂熟，加入鸡精和盐调味即可。

汤品解说

桑螵蛸有补肾固精的作用，常用于治疗肾虚遗精、早泄阳痿等症。此汤对肾虚引起的尿频有很好的食疗效果。

牛鞭汤

原料

牛鞭……………………………………………1 根

姜、盐各适量

做法

1. 将牛鞭切段，放入沸水中汆烫，捞出洗净备用；姜洗净，切片。
2. 锅洗净，置于火上，将牛鞭、姜片一起放入锅中，加水至盖过所有材料，以大火煮开后转小火慢炖约30分钟，关火；起锅前加盐调味即成。

汤品解说

牛鞭含有雄激素，是补肾壮阳的佳品，对心理性性功能障碍有较好的改善作用。此汤适合心理紧张引起的阳痿、早泄，但不宜多食。

鹿茸黄芪煲鸡汤

原料

鸡肉……………………………………… 500 克

猪瘦肉…………………………………… 300 克

鹿茸片、黄芪…………………………各20 克

姜、盐、味精各适量

做法

1. 将鹿茸片放置清水中洗净；黄芪洗净；姜去皮，切片；猪瘦肉切成厚块。
2. 将鸡肉洗净，斩成块，放入沸水中焯去血水后捞出。
3. 锅内注入适量水，下所有原料以大火煲沸后，再改小火煲3小时，加盐、味精调味。

汤品解说

鹿茸补肾壮阳、益精生血，黄芪可健脾益气。两者合用，对肾阳不足、脾胃虚弱、精血亏虚所致的阳痿早泄、腰膝酸软等症有较好疗效。

猪骨黄豆丹参汤

原料

猪骨……400克
黄豆……250克
丹参……20克
桂皮……10克
盐、料酒、味精各适量

做法

1. 将猪骨洗净、捣碎；黄豆去杂，洗净。
2. 丹参、桂皮用干净纱布包好，扎紧备用；砂锅加水，加入猪骨、黄豆、纱布袋，以大火烧沸，改用小火炖煮约1小时，拣出纱布袋，调入盐、味精、料酒即可。

汤品解说

丹参具有祛淤止痛、凉血散结、除烦安神的功效，与肉桂、黄豆搭配，对血热淤滞所引起的阴茎异常勃起有一定的改善作用。

莲子百合芡实排骨汤

原料

排骨……200克
莲子、芡实、百合、盐各适量

做法

1. 排骨洗净，切块，氽去血渍；莲子去皮、心，洗净；芡实洗净；百合洗净泡发。
2. 将排骨、莲子、芡实、百合放入砂煲，注入清水，以大火烧沸。
3. 改为小火煲2小时，加盐调味即可。

汤品解说

莲子可止泻固精、益肾健脾，芡实具有收敛固精、补肾助阳的功效。此汤对肾虚引起的早泄、阳痿等患者有较好的食疗效果。

板栗猪腰汤

原料

板栗……50 克
猪腰……100 克
红枣、姜、盐、鸡精各适量

做法

1. 将猪腰洗净，切开，除去白色筋膜，入沸水汆去表面血水，倒出洗净。
2. 板栗洗净剥开；红枣洗净；姜洗净，去皮，切片。
3. 瓦煲内注水，以大火烧沸后放入猪腰、板栗、姜片、红枣，改小火煲2小时，调入盐、鸡精即可。

汤品解说

栗子补肾强骨、健脾养胃，猪腰理肾气、通膀胱，红枣益气养血。三者配伍，能有效改善因肾虚所导致的遗精、耳聋、小便不利等症。

枸杞水蛇汤

原料

水蛇……250 克
枸杞……30 克
油菜……100 克
高汤、盐各适量

做法

1. 将水蛇洗净切块，汆水；枸杞洗净；油菜洗净。
2. 净锅上火，倒入高汤，下水蛇、枸杞煲至熟时下油菜稍煮；加入盐调味即可。

汤品解说

水蛇能治消渴，除四肢烦热、口干心躁；枸杞可清肝明目、补肾助阳。二者搭配，对肝肾亏虚、腰膝酸软、阳痿遗精等有较好的食疗作用。

海马猪骨肉汤

原料

猪骨肉……………………………………220克
海马…………………………………………2只
胡萝卜………………………………………50克
盐、味精、鸡精各适量

做法

❶将猪骨肉斩块，洗净汆水；胡萝卜洗净去皮，切块；海马洗净。
❷将猪骨肉、海马、胡萝卜放入炖盅内，加适量清水炖2小时。
❸最后放入味精、盐、鸡精调味即可。

汤品解说

海马具有强身健体、补肾壮阳、舒筋活络等功效，猪骨肉能敛汗固精、止血涩肠、生肌敛疮。此汤对早泄患者有很好的食疗功效。

五子下水汤

原料

鸡内脏（鸡心、鸡肝、鸡胗）………………1份
茺蔚子、蒺藜子、覆盆子、车前子、菟丝子
……………………………………………各10克
姜、葱、盐各适量

做法

❶将鸡内脏洗净，切片；葱、姜洗净，均切丝；5种药材洗净。
❷将5种药材装入棉布袋内，放入锅中，加水煎汁。
❸捞起棉布袋丢弃，转中火，放入鸡内脏、姜丝、葱丝煮至熟，最后加盐调味即可。

汤品解说

覆盆子补肝益肾、固精缩尿，菟丝子补肾益精、养肝明目。此汤有益肾固精、提升情趣指数的功效，适合肾虚阳痿、早泄滑精者食用。

龙骨牡蛎鸭汤

原料

鸭肉……600 克
龙骨、牡蛎、蒺藜子……各10 克
芡实……50 克
莲须、莲子……各100 克
盐适量

做法

1. 将鸭肉洗净汆烫；莲子、芡实冲净，沥干。
2. 将龙骨、牡蛎、蒺藜子、莲须洗净，放入纱布袋中，扎紧袋口。
3. 将莲子、芡实、鸭肉及纱布袋放入煮锅中，加水至没过材料，以大火煮沸，再转小火续炖40分钟左右，拣出纱布袋加盐调味即可。

汤品解说

龙骨能敛汗固精、止血涩肠，芡实收敛固精、补肾助阳。多味中药材配伍，有温阳涩精的功效，适用于阳痿、早泄、遗精等症。

莲子茅根炖乌鸡

原料

萹蓄、土茯苓、茅根……各15 克
红花……8 克
莲子……50 克
乌鸡肉……200 克
盐适量

做法

1. 将莲子、萹蓄、土茯苓、茅根、红花洗净。
2. 乌鸡肉洗净，切小块，入沸水中汆烫。
3. 把全部用料一起放入炖盅，加适量开水，加盖以小火隔水炖3小时，加盐调味即可。

汤品解说

萹蓄、土茯苓、茅根均可清热利湿、消炎杀菌，莲子健脾补肾、固涩止带，乌鸡益气养血、滋补肝肾。此汤有补肾益阳的功效。

菟丝子煲鹌鹑蛋

原料

菟丝子……9 克
红枣、枸杞……各12 克
鹌鹑蛋（熟）……400 克
盐、料酒各适量

做法

❶将菟丝子洗净，装入小布袋中，扎紧；红枣、枸杞均洗净。
❷红枣、枸杞及装有菟丝子的小布袋放入锅内，加入水煮沸。
❸依次加入鹌鹑蛋、料酒煮沸，改小火继续煮约60分钟，加入盐调味，即可关火。

汤品解说

菟丝子可固精缩尿，枸杞滋补肝肾，鹌鹑蛋强壮筋骨。此汤可改善因肾虚而导致的少精无精、腰膝酸软、遗精、消渴等症。

淡菜枸杞煲乳鸽

原料

乳鸽……1 只
淡菜……50 克
枸杞、红枣、盐各适量

做法

❶乳鸽宰杀，去毛及内脏，洗净；淡菜、枸杞均洗净泡发；红枣洗净。
❷锅加水烧热，将乳鸽放入锅中稍滚5分钟，捞起。
❸将乳鸽、枸杞、红枣放入瓦煲内，注入水，以大火煲沸，放入淡菜，改小火煲2小时，加盐调味即可。

汤品解说

淡菜具有补肝肾、益精血的功效，乳鸽能益气补血、清热解毒、生津止渴。此汤对少精无精患者有很好的食疗功效。

鳝鱼苦瓜枸杞汤

原料

鳝鱼……300克
苦瓜……40克
枸杞……10克
高汤、盐适量

做法

1. 将鳝鱼洗净切段，汆水；苦瓜洗净，去子切片；枸杞洗净。
2. 净锅上火倒入高汤，下鳝段、苦瓜、枸杞，待烧沸，调入盐煲至熟即可。

汤品解说

鳝鱼可补气养血、温阳健脾、滋补肝肾，枸杞能清肝明目、补肾助阳。此汤对气血亏虚所致的少精无精有一定的改善作用。

鹌鹑笋菇汤

原料

鹌鹑……1只
冬笋……20克
水发香菇、火腿……各10克
葱末、鲜汤、盐、料酒、鸡精、胡椒粉各适量

做法

1. 将鹌鹑洗净去内脏；冬笋、香菇洗净，切末；火腿切末。
2. 砂锅上火，下油烧热，倒入鲜汤，放入以上除火腿外的原料，再用大火煮沸。
3. 改小火煮60分钟，加火腿末稍煮，加入料酒、盐、葱末、鸡精、胡椒粉调味即可。

汤品解说

鹌鹑具有补中益气、清利湿热的功效。此汤适合因身体虚弱、肾精亏虚引起的少精无精者作为进补的食疗汤品。

灵芝鹌鹑汤

原料

鹌鹑……………………………………………1只
党参…………………………………………20克
灵芝……………………………………………8克
枸杞…………………………………………10克
红枣……………………………………………5颗
盐适量

做法

❶将灵芝洗净，泡发撕片；党参洗净，切薄片；枸杞、红枣均洗净，泡发。
❷鹌鹑宰杀，去毛、内脏，剁块，洗净后汆水。
❸炖盅注水，以大火烧沸，下灵芝、党参、枸杞、红枣，烧沸后放入鹌鹑，用小火煲煮3小时，加盐调味即可。

汤品解说

党参补中益气、健脾益肺，灵芝宁心安神、补益五脏。故此汤对身体虚弱、肾精亏虚引起的少精、无精、不射精者有较好的食疗效果。

赤芍银耳饮

原料

牡丹皮、玄参…………………………………各8克
梨……………………………………………………1个
罐头银耳…………………………………………300克
白糖…………………………………………………120克
赤芍、柴胡、黄芩、知母、夏枯草、麦门冬各10克

做法

❶将所有的药材洗净；梨洗净，切块，备用。
❷锅中加入所有药材，加上适量的清水煎煮成药汁。
❸去渣取汁后，加入梨、罐头银耳、白糖，煮至滚后即可。

汤品解说

赤芍具有行淤止痛、凉血消肿的功效，对因血络受损及阴虚火旺引起的血精症均有很好的治疗效果。

西红柿炖棒骨

原料

棒骨……………………………………………… 300 克
西红柿……………………………………………100 克
葱、盐、鸡精、白糖各适量

做法

❶ 棒骨洗净剁成块；西红柿洗净切块；葱洗净切末。
❷ 锅中倒少许油烧热，下西红柿略加煸炒，倒水加热，下棒骨煮熟。
❸ 加盐、鸡精和白糖调味，撒上葱末即可。

汤品解说

西红柿所含的番茄红素具有独特的抗氧化能力，能清除自由基，保护细胞，能有效预防前列腺癌。故此汤适宜前列腺增生患者食用。

女贞子鸭汤

原料

鸭肉……………………………………… 500 克
枸杞……………………………………………15 克
熟地、山药……………………………… 各20 克
女贞子………………………………………… 30 克
牡丹皮、泽泻…………………………… 各10 克
盐适量

做法

❶ 将鸭肉洗净切块。
❷ 将枸杞、熟地、山药、女贞子、牡丹皮、泽泻洗净，与鸭肉同放入锅中，加适量清水，煎煮至鸭肉熟烂；加盐调味即可。

汤品解说

女贞子具有补益肝肾、清热明目的功效，熟地可滋阴补血、益精填髓。此汤对男性不育症有很好的改善作用。

板栗土鸡汤

原料

土鸡……1只
板栗……200克
红枣……5颗
盐、味精、鸡精各适量

做法

1. 将土鸡宰杀去毛和内脏，洗净，切块备用；板栗剥壳，去皮备用；姜洗净切片。
2. 锅上火，加入适量清水，烧沸，放入鸡块、板栗肉，滤去血水。
3. 将鸡块、板栗肉转入炖盅里，放入姜片、红枣，置小火上炖熟，加盐、味精、鸡精调味即可。

汤品解说

板栗具有补脾健胃、补肾强筋、活血止血的功效，红枣益气补血。此汤营养丰富，对更年期的男性有很好的保健补益作用。

苁蓉黄精骶骨汤

原料

肉苁蓉、黄精……各15克
猪尾骶骨……1副
胡萝卜……1根
银杏粉、盐各适量

做法

1. 将猪尾骶骨洗净，放入沸水中汆烫，去掉血水；胡萝卜削皮，冲洗干净，切块备用；肉苁蓉、黄精洗净。
2. 将肉苁蓉、黄精、猪尾骶骨、胡萝卜一起放入锅中，加水至盖过所有材料。
3. 以大火煮沸，再转用小火续煮约30分钟，加入银杏粉再煮5分钟，加盐调味即可。

汤品解说

黄精与肉苁蓉配伍，具有补肾固发、益气强精的功效，能提高男性性功能，改善阳痿早泄等症。

杜仲羊肉萝卜汤

原料

杜仲……15克
羊肉……200克
白萝卜……50克
羊骨汤……400毫升
姜片、盐、料酒、胡椒粉、辣椒油各适量

做法

1. 羊肉洗净切块，汆烫；白萝卜洗净，切块。
2. 将杜仲同羊肉、羊骨汤、白萝卜、料酒、胡椒粉、姜片一起下锅，加水烧沸后改小火炖1小时，加盐、辣椒油调味即可。

巴戟黑豆鸡汤

原料

巴戟天、胡椒粒……各15克
黑豆……100克
鸡腿……150克
红枣、盐适量

做法

1. 将鸡腿剁块，汆烫，捞出洗净。
2. 将黑豆淘净，和鸡腿、巴戟天、胡椒粒、红枣一起放入锅中，加水至盖过材料。
3. 以大火煮沸，再转小火续炖40分钟，加盐调味即可食用。

生地乌鸡汤

原料

乌鸡……1只
午餐肉……100克
生地、红枣、姜片、葱丝、骨头汤、盐、料酒、味精各适量

做法

1. 将生地浸泡5小时，取出切成薄片；红枣泡发，洗净；午餐肉切块。
2. 乌鸡去内脏及爪尖，切成块，入开水汆烫。
3. 将骨头汤倒入净锅中，放入全部材料，待乌鸡熟烂后加盐、料酒、味精调味即可。

何首乌猪肝汤

原料

何首乌……………………………………………15 克
猪肝…………………………………………… 300 克
花椒、大料、盐各适量

猪肝：补肝明目、养血生血

做法

1. 将猪肝洗净，切成片，放入开水中烫3分钟，捞出洗净。
2. 将何首乌、花椒、大料、盐与猪肝同煮至熟，离火后仍将猪肝泡在汤里2～3小时，即可食用。

汤品解说

何首乌养血滋阴、润肠通便，猪肝养血明目。此汤滋阴补虚、益肾藏精，可用于治疗肝肾阴虚导致的腰膝酸软、耳鸣、遗精等症。